問對問題比回答問題更重要！
從正確發問、找出答案到形成策略，
百位成功企業家教你如何精準提問，帶出學習型高成長團隊

HOW LEADERS FIND THE RIGHT SOLUTIONS
BY KNOWING WHAT TO ASK

LEADING
WITH
QUESTIONS

你會問問題嗎？

by

MICHAEL J. MARQUARDT

麥克・馬奎德 著　方吉人、黃亦安 譯

十五週年暢銷經典・最新增訂版

Leading with Questions: How Leaders Find the Right Solutions by knowing what to Ask—
Revised and updated edition
Copyright © 2014 by Michael J. Marquardt
Chinese translation Copyright © 2020 by Faces Publications, a division of Cité Publishing Ltd.
All Rights Reserved. Authorized translation from the English language edition published by John
Wiley & Sons, Inc.

企畫叢書 FP2138Y

你會問問題嗎？（十五週年暢銷經典‧最新增訂版）
問對問題比回答問題更重要！從正確發問、找出答案到形成策略，
百位成功企業家教你如何精準提問，帶出學習型高成長團隊

作　　　者　Michael J. Marquardt
譯　　　者　方吉人、黃亦安
編 輯 總 監　劉麗真
主　　　編　謝至平

發 行 人　涂玉雲
總 經 理　陳逸瑛
出　　版　臉譜出版
城邦文化事業股份有限公司
臺北市中山區民生東路二段141號5樓
電話：886-2-25007696　傳真：886-2-25001952
發　　　行　英屬蓋曼群島商家庭傳媒股份有限公司城邦分公司
臺北市中山區民生東路二段141號11樓
客服專線：02-25007718；25007719
24小時傳真專線：02-25001990；25001991
服務時間：週一至週五上午09:30-12:00；下午13:30-17:00
劃撥帳號：19863813　戶名：書虫股份有限公司
讀者服務信箱：service@readingclub.com.tw
城邦網址：http://www.cite.com.tw
香港發行所　城邦（香港）出版集團有限公司
香港灣仔駱克道193號東超商業中心1樓
電話：852-25086231或25086217　傳真：852-25789337
電子信箱：hkcite@biznetvigator.com
新馬發行所　城邦（新、馬）出版集團
Cite（M）Sdn. Bhd.（458372U）
41, Jalan Radin Anum, Bandar Baru Sri Petaling,
57000 Kuala Lumpur, MalaysFia.
電話：603-90578822　傳真：603-90576622
電子信箱：cite@cite.com.my
一 版 一 刷　2006年9月
三 版 一 刷　2020年9月
三 版 七 刷　2023年6月

城邦讀書花園
www.cite.com.tw

ISBN 978-986-235-862-7
售價　NT$ 350
版權所有‧翻印必究（Printed in Taiwan）
（本書如有缺頁、破損、倒裝，請寄回更換）

國家圖書館出版品預行編目資料

你會問問題嗎？問對問題比回答問題更重要！從正
確發問、找出答案到形成策略，百位成功企業家教
你如何精準提問，帶出學習型高成長團隊（十五週
年暢銷經典‧最新增訂版）／ Michael J. Marquardt著；
方吉人、黃亦安譯. 一版. 臺北市：臉譜，城邦文
化出版；家庭傳媒城邦分公司發行, 2020.09
　　面；　公分. --（企畫叢書；FP2138Y）
譯自：Leading with questions : how leaders find the
　　right solutions by knowing what to ask, Revised
　　and updated
ISBN 978-986-235-862-7（平裝）

1.企業領導　2.領導者　3.溝通
494.2　　　　　　　　　　　　　109011829

各界推薦

「偉大的領導者會問偉大的問題。本書讓索尼音樂的領導者能學習如何不斷提出更好的問題。這本書提供的有力點子讓我們的領導者變得更棒，也確實讓整個組織變得更好。」

── 凱西・查莫斯（Kathy Chalmers）

索尼音樂（Sony Music）執行副總裁

「作者提供了一個可行的提問技巧，能讓領導者從 A 成長到 A⁺。」

── 麗莎・M・湯平（Lisa M. Toppin）

紐約人壽（New York Life）金融服務專家

「有多少書永遠改變了你的人生？本書永遠改變了我的人生和領導方式，讓我不再肩負擁有全部答案的重擔，只需要一些正確的問題就好！」

── 鮑伯・泰迪（Bob Tiede）學院傳道會（Cru）

全球領導者發展部主任、部落客（leadingwithquestions.com）

「本書作者為未來領導統御勾勒出一個藍圖。彼得・杜拉克曾說過去的領導者用告知法領導，未來的領導者將用提問法領導。你若想

看見未來，本書必看不可。」

———羅伯‧克藍姆（Robert Kramer）

布魯塞爾及華盛頓特區（Brussels and Washington, DC）

領導變革中心主任

「我學到領導者並非知道所有答案，而是知道要問哪些偉大的問題，並仔細聽取答案。本書是劃時代的管理智慧鉅著，教導企業領袖如何去問可以激發靈感、鼓舞士氣與激勵全組織的偉大問題。」

———派屈克‧邢（Patrick Thng）

新加坡發展銀行（Development Bank of Singapore）管理主任

「這本書將學術理論及實務巧妙地連結在一起，提供了清楚易懂的指南，傳授十分有力、可以改變人們及組織的領導技巧。」

———艾爾‧D‧麥考迪（Al D. McCready），麥考迪‧曼尼高‧雷顧問公司（McCready Manigold Ray & Co., Inc.）執行長

「本書描述了一種非常有力且實際的工具，讓星座能源躋身全世界最頂尖的能源公司之列。」

———法蘭克‧安卓契（Frank Andracchi）

星座能源集團（Constellation Generation Group）副總裁

「成功的提問法是最有力的技巧之一，不僅適用於企業領袖，也適用於所有人。麥克窮其一生研究有效提問的力量。本書是作者畢生

經驗的智慧結晶。」

——濟慈・哈普爾林（Keith M. Halperin）

人事決定國際公司（Personnel Decisions International）資深副總裁

「我已經採用本書所說的工具與技術，我強力推薦本書給新領導者以及有經驗的領導者。當這些領導者接觸到作者提出的提問技巧後，它神奇地改變了他們。」

——麗茲・思寇（Liz Cicco）

鮑寧公司（Bowne & Co., Inc.）訓練與發展專家

「從蘇格拉底的時代至今，提出適當問題的能力，一直被推崇為一個人在領導他人時所應擁有的偉大技巧之一。對想從省思式提問中找尋解答的企業領袖來說，本書是極重要的工具書。」

——艾瑞克・查魯斯（Eric Charoux），模里西斯德查拉杜美商學院（Charles Telfair Institute, Mauritus）執行主任

「本書妙不可言又發人深省。這是針對所有領導者的巨大起床號，讓他們知道更聰明的問題才是帶來持久成功的最佳處方。」

——阿拉斯泰爾・雷拉特（Alastair Rylatt）

《成為知識遊戲的贏家》（*Winning the Knowledge Game: Smarter Learning for Business Excellence*）及《工作的瘋狂世界》（*Navigating the Frenzied World of Work*）作者

「想要探索提問式領導的力量與好處嗎？本書是個絕佳的指南及資源！」

　　　　　　　　　　　　——丹・納瓦羅（Dan Navarro）

　　務實解決方案公司（Pragmatics, Inc.）副總裁及總經理

「本書照亮了一向不為人注意的陰暗角落，最可貴之處是，作者指出了成功領導者如何使用提問法，以及如何讓他們及周遭的人生活得更好。」

　　　　　　　　　——肯尼斯・莫瑞爾（Kenneth L. Murrell）

　　西佛羅里達大學（The University of West Florida）企管系教授

「每個人都想在生活中擁有建構及提出正確問題的技能。想要全心投入幫助他人發展最大潛能的人，本書是你的必備讀物！」

　　　　　　　——伊凡第・若賈布（Effendy Mohamed Rajab）

　　日內瓦世界童子軍運動組織（World Organization of the Scout Movement）資深人力資源主任

「作者有力地表達出如何達到有效領導的心臟地帶。本書不僅提升現存領導力量，也發展每個人未來的領導能力。」

　　　　　　　　　——法蘭西斯科・索佛（Francesco Sofo）

　　澳大利亞坎培拉大學（University of Canberra）教授

「作者發現透過提問和反思性學習來有效領導二十一世紀組織的方法。這本書捕捉到了提問過程的精髓，為大家苦苦追求的學習性組織建立了實際可行的基礎！」

—— 哈利・蘭德曼（Harry Lenderman），麋爐集團（The Elk Forge Group）總裁、索迪斯大學（Sodexho University）顧問

《打破教育玻璃天花板》（*Breaking the Educational Glass Ceiling*）作者

「從專注地問適當的問題開始，作者抽絲剝繭地闡明提問的真正力量。本書教導領導者如何使他們的組織從好轉變到更好。」

—— 畢亞・卡森（Bea Carson）

卡森顧問公司（Carson Consulting）總裁

「本書的點子能在充滿挑戰的二十一世紀，為領導者提供領導新觀點。」

—— 林彭孫（Lim Peng Soon）

學習及表現系統（Learning & Performance Systems）總裁

「這是一本非讀不可的好書！提問型領導法將改變你的管理方式，本書是作者最新力作，對改善我們的工作與在日趨複雜的世界中溝通的方式，做出極大的貢獻。」

—— 霍華・舒曼（Howard Schuman）

斯里蘭卡中央銀行（Jodoh Investments LLC）人力資源中心顧問

「對想要透過提出偉大問題來創造求勝組織的企業主管，本書是理想的指南。」

—— 詹姆斯・Y・林（James Y. Lim）

艾睿電子亞太集團（Arrow Asia Pac）人力資源經理

「全世界的領導者都應該要精通作者的提問領導藝術！」

—— 巴努・戈爾索基（Banu Golesorkhi）

燈塔國際（Pharos International）研發主任

CONTENTS

| 序言 |
領導者成功的關鍵

　　你是否覺得大家都不提供你想要的資訊？你是否常常覺得公司裡的同事真能了解你對事情該怎麼做的觀點嗎？或者，你老是揣測老闆究竟在想些什麼？

　　你有沒有想過，用提問的方式去獲得以上問題的答案？

　　提問當然可以汲取資訊，但事實上，提問的作用遠大於此。聰明的領導者用提問題的方式鼓舞員工全心參與、促進團隊合作，藉以激發創新及跳脫傳統式思考、激勵眾人、建立與客戶的良好關係、解決問題及其他等等。現在，最新的研究以及越來越多組織的經驗都證明一點：最成功的領導者用提問的方式領導屬下，而且他們提問的頻率相對較高。

　　成功且有效率的領導者會營造提問及受問的條件與情境。創新領導中心（Center for Creative Leadership）曾經針對一百九十一位成功的企業領袖做研究，發現這些人之所以成功，關鍵在於他們製造提問機會，然後接著提問。[1]

　　以下是幾位成功企業領袖為本書受訪時所做的評論：

- 查德・哈樂戴（Chad Holliday），杜邦公司（DuPont）董事長兼

執行長：「我發現，每當有人問我問題時，我變得更為警覺，就像變了個人似的。我每天都試著做同一件事：提問。在未掌握一個人的精神與觀點之前，我鮮少置評，唯有在他們敞開心胸時，我才會採取行動。如果我不提問，我可能理解了綜合情勢及問題，但是錯失了關鍵所在。」

● 潘提・辛登曼拉卡（Pentti Sydänmaanlakka），前諾基亞通訊系統事業部（Nokia Networks）人力資源主管：「提問型領導一直是我使用的方法之一，因為我深信，領導不在於告知，而在啟發、指點員工到達他們從未經歷的境界。」

● 伊莎貝爾・瑞馬諾奇（Isabel Rimanoczy），國際管理領導統御（Leadership in International Management）合夥人：「我曾和一些實事求是的工程師共事，他們一開始碰到問題時，經常因為無法獲得立即的答覆或解決方法而大為惱怒。但是，我們把他們一向熟悉的處理過程顛倒過來，將重點放在提出問題，而非提供解答。我們把重心放在他們身上，信任他們的知識及智慧。從此以後，就算他們不確定自己是否有答案，仍會想盡辦法先從自己身上著手尋找答案 —— 當然毫無意外 —— 他們總是會找到解答。此後，他們不但自信大增，並且了解到，這些問題可以深掘出內藏在他們心底的智慧。」

● 羅伯・霍夫曼（Robert Hoffman），諾華集團（Novartis）組織發展執行主管：「採用提問法，讓我像是變了個人似的。我更有自信、更自在。當與人談話或需要我發言的時候，我不再覺得我非提供解答不可。我覺得我的溝通技巧 —— 尤其在傾聽和說服方

面 —— 進步甚多。」

　　這些企業領袖都發現了提問法的驚人力量。提問法可以讓人思緒清楚，激發創意。提問法指引我們做事的新境界、新方向，幫助我們承認自己並不知道所有問題的答案，讓我們成為更有自信的溝通者。不幸的是，仍有許多領導者還不知道提問有此驚人力量，也不知道提問法所能引發的近程結果與遠程的學習與成功。如果你尚未考慮使用提問法做為你的領導方式之一，那麼這本書就是為你而寫的。

　　當然，許多領導者的確經常提問，他們問的問題大致如下：

- 你的進度為何落後？
- 是誰跟不上進度？
- 這個企畫案的問題在哪裡？
- 那是誰的主意？

　　在大多數的情況下，我們問的這些問題不但未能激勵屬下解決困難，反而讓他們大受打擊，因為這些問題其實就是責難，而非真要尋求答案。

　　至於其他的問題諸如：難道你不同意我的說法嗎？你不是這團隊的一份子嗎？通常也只是領導者企圖掌控情勢的託辭罷了。如果你是常問這類型問題的領導者，那麼這本書就是為你而寫的。

　　所以，重點不在於領導者問的問題不夠多，而是我們沒有**問對**

問題。或者說，我們的問題不能導引出誠實而有意義的答案。我們不知道如何有效地傾聽別人對問題的回覆，同時我們也未營造出一種鼓勵提問的氛圍。

　　這就是本書的目的。**提問型領導**的宗旨就在透過學習如何有效地提問、傾聽，及如何營造一種使提問就像呼吸一般自然的氣氛，來幫助你成為一個更成功的領導者。

提問型領導者的研究

　　過去二十五年來，我一直以教授和諮詢顧問的身分與各企業合作，參與全球各地領導者的研究發展工作。我越來越注意到，較成功的企業領袖比較常對別人及他們自己提問題。我試著找出：為何提問對這些領導者如此重要？為何提問會導致這樣的成功？哪些問題最有力且使用的次數最多？

　　哪些領導者會提問？他們何時及為何開始使用提問型領導方式？哪些問題是他們發現最強有力、最成功的？為何這些領導者會提問？這些問題對他們個人和組織造成何種影響？

　　過去數年來，我問過許多來自世界各地的人，請他們指出誰是心目中最會提問的領導者。然後，我又請曾和世界各地領導者共事過的專業同僚，指出哪些人在工作時會問許多問題，且被同事、部屬公認為成功的領導者？有時候，我訪問這些領導者時，他們會把其他也採用提問型領導方式的領導者介紹給我。我頗費周章，才找到這些來自世界各地、大大小小的公司及公共組織與私人組織的領

導者。

從全球這麼多公認成功的領導者之中，我總共訪問了三十人。訪問前，我列了一張問題清單：

- 你何時開始使用提問法？為什麼？
- 你用哪些方式提問？
- 哪些問題最有效？
- 提問型領導方式對你的組織有哪些影響？
- 採用提問型領導方式對你身為一個領導者有什麼樣的改變？

他們對這些問題的答覆及故事將穿插在本書中。

透過本書，你會知道提問型領導者的自身經驗及他們所採用的問題。這些願意分享個人經驗的提問型領導者之中，有來自杜邦、美國鋁業（Alcoa）、諾華集團以及嘉吉（Cargill）等大企業的執行長和高階主管，也有全球性與全美國各機構及政治領域的公眾領導人，還有高中、大學的學校主管。這些領導者來自巴西、芬蘭、馬來西亞、模里西斯（Mauritius）、南韓、澳洲、瑞士及北美各國。〈附錄一〉有關於這些領導者的簡介。

本書是根據我個人二十五年的經驗，訪談過數十位確實採用提問型領導方式的領導者，為如何有效採用提問領導提供了最全面的基礎知識。本書同時也提出許多提問的原則與策略，以及這些來自各行各業的領導者如何運用提問型領導達到個人成就顛峰，並讓公司業務蒸蒸日上的真實故事。

提問型領導的主要面向

本書涵蓋三大部分。第一篇主要說明為何提問法對個人和組織如此重要。在第一章中，我檢視為何領導者通常寧願直接提供答案而不提問，以及這樣做會如何的自我設限，甚至導致災難性的後果。我將指陳為何提問其實是最終極的領導工具。第二章則詳列了創造鼓勵提問的組織文化對領導者與組織的諸多好處。提問式文化可增強個人和組織的學習能力，藉由增強自覺與自信的方法，改善制訂決策、解決問題、團隊合作、增強適應力、接受改變及激勵眾人等等。

第二篇提供的是關於有效提問的實用性指南。第三章解釋了許多人在提問時面對的諸多困擾，以及一些領導者如何克服這些障礙並從中獲益的實例。第四章旨在說明提問得當與否對激勵眾人有何差異，本章詳盡分析各種型態的問題，並點出造就好問題的條件。第五章在探討有效提問的藝術，並檢視一個人的態度、思維、步調與時機如何左右提問所造成的效應；本章旨在證明，注意傾聽與適時反應是提問藝術的必備要件。第六章的重點由個人轉向組織，就如何在組織中促進提問型文化的產生提供詳盡的建議。

第三篇指示領導者如何用提問法協助個人、團體與組織達成特定目標。第七章在討論領導者應如何用提問法管理員工、強化與直屬部下的關係、協助員工成長、鼓勵行動和創新思考；這一章還檢視領導者在帶領新人、設定目標、進行業績考核、帶領幕僚會議及其他情況時，應該分別提出哪些問題。第八章在描述領導者可以如

何透過提問法改進團體運作功能、使團體會議更有活力、解決問題、協助團體克服困難、排解衝突。第九章旨在探索提問如何及為何能有效解決問題。第十章說明提問法如何能強化整個組織——強化策略、願景、價值觀和建立改變的能力——亦即將重點放在聯繫組織內部與外部的利益相關團體上。最後鼓勵讀者開始練習做一個提問型的領導者。

本書附錄有三，〈附錄一〉是參與本書訪談的三十名領導者的簡介。〈附錄二〉說明行動學習能如何協助領導者開發提問技巧。〈附錄三〉提供提問型領導者的培育組織、訓練計畫和網站。

新層次的領導方式

提問型領導者將創造一個更人性化的工作環境與更成功的企業。採用提問型領導方式的領導者可以真正的激勵員工，並改變整個組織。大多數的領導者並不了解提問法的潛力，反而不必要地將自己局限於一個難以駕御、壓力極大的情境中。我希望讀者能夠改變領導方式，成為一個更容易成功的領導者。

毫無疑問地，我們所有人，尤其是領導者，都需要問更多的問題——關於有助個人、團體、組織及我們自己發展的問題。提問法已成為成功的必要條件，不好的領導者鮮少向自己或是其他人提問；反之，好的領導者會問許多問題。而不凡的領導者，能問出不凡的問題；唯有不凡的問題，才能幫助你成為不凡的領導者！

提問力量大

chapter *1*

一種受忽視的管理工具

今天，我們生活在一個步調快速、要求繁多、結論導向的世界。新科技可以在十億分之一秒內把大量訊息放在我們的指縫間。我們希望立刻解決問題，昨天就有結果，立即就有答案。我們被告誡要忘掉「準備，瞄準，發射」的舊模式，改為「現在就發射，而且繼續再發射」。領導者必須堅決果斷、作風大膽、魅力十足、有遠見 ── 他們甚至得在別人想出問題前，就知道所有的答案。

諷刺的是，如果我們對這些壓力有所反應 ── 或是相信那些天花亂墜的商業新聞媒體，說有遠見的領導者是何等重要 ── 我們反而可能會犧牲掉有效領導所需的關鍵事物。當我們四周那些人吵吵鬧鬧要求快速解答時 ── 有時甚至是**任何**答案都好 ── 我們需要能夠克制衝動，不要立即提供解決方案，並學著在此時提出問題。大多數的領導者都不知道提問法的驚人力量，不知道提問法如何造成短程的結果及長期的學習與成功。問題在於，我們覺得我們應該知道答案，而非提出疑問。

我訪問了世界各地許多領導者，看他們是如何使用、或者如何迴避提問。美國盲人及視覺障礙者協會（Association for the Blind and Visually Impaired）與善念機構（Goodwill Industries）的董事長

暨執行長蓋姬特‧霍普（Gidget Hopf）的回答就很典型：「我就是自動假設，如果有人帶著問題走到我的辦公室門口，他們就是企盼我能幫忙解決這個問題。」

霍普認為提供答案是她的職責。隨後她發現有另外一種方法：「我領悟到，這種透過輔導的方式其實很無力；而把問題丟回給提出問題的人，反而讓我做事時更有效率。……我了解到的是，為別人解決問題讓我精疲力竭。為他們提供機會解決他們自己的問題，反而更加有效。」

不幸的是，自古以來，不論在家裡、學校或是教會，沒有人鼓勵我們提問，尤其是具挑戰性的問題，因為那是會被人認為粗魯無禮、不夠體貼、打擾人的舉動。因此，我們變得害怕問任何問題。由於越來越少提問，使我們在做這件事時，就變得更不自在、更做不好。

然後有朝一日成為領導者，我們更覺得「我有答案」遠比「我有疑問」來得重要。提問 —— 或是無法給予別人提問的答案 —— 似乎會顯示我們缺乏領導能力。但是這種態度卻導致惰性。科萊特集團（Collectcorp）的副總裁傑夫‧克如爾（Jeff Carew）曾告訴我：「最簡單的領導方式，尤其是你能勝任你的工作時，就是把自己成功的方法告訴員工，讓他們跟著做。」就如傑夫注意到的，一般人會成功，一是他們有個教導有方的上司，不然就是透過自己的經驗學習發現成功之道及穩固的事業進展。

成功的主管認為他們知道答案。傑夫指出：「這裡的問題是，如果你無法創造及維持一個你能一直對員工提問、並迫使他們去思

索答案的工作環境，那你的明天可能永遠不會比今天更好。昨天的答案不能解決明天的問題。我學到一點：如果你要處理明天的問題，你需要做另一個層次的思考——誰能比那些基層的經理人更能清楚地告訴你公司環境正如何改變呢？」

就像傑夫・克如爾，越來越多的領導者了解到，如果不想苟延殘喘，如果要使組織成功，他們就必須創造一個學習型組織：這個組織能夠很快地適應環境的變動，把每一場戰爭視為一個學習機會，並且將學習和商業目標緊緊相連，因為提問能力和學習能力是相輔相成的。一個學習型組織的唯一生存之道就在於，它是否有個鼓勵提問的文化。

《領導者只管提問》（*Just Ask Leadership*）的作者蓋瑞・柯恩（Gary Cohen）正確地觀察到，二十一世紀的領導者不可能什麼都知道，對他們個人或組織而言，嘗試成為全知全能的領導者也並非好事。[1]領導者藉由提問來讓其他人展開行動、尋找答案，這才是更重要的事。在現今這個時代，我們應當要認清一個事實，就是下屬可能比你還要了解他所負責的工作。領導者在組織裡一步步往上爬時，最終將會領導一群你完全不了解其職務內容的員工，這是無庸置疑的。門徑中游夥伴公司（Access Midstream Partners）的執行長麥克・史戴斯（Mike Stice）告訴我：「我需要持續不斷提出問題，才能成為組織的一份子。提問讓我能增進與組織的一致性、參與度和責任感。提問不只是問更多問題，而是問更多且更好的問題。」

當別人問你問題時，你曾否自我保護？你曾否遲疑著不敢提

問，深怕顯露你的無知或疑慮？如果你曾經如此，你正把組織所需的大量免費資訊和意見摒除門外，這還可能會逐漸破壞你和周遭夥伴的關係。事實上，迴避提問可能導致嚴重的傷害，甚至災難。

如果領導者不提問……

　　領導者不提問所導致的悲慘教訓，歷史上俯拾皆是。最新的是雷曼兄弟（Lehman Brothers）、巴克萊銀行（Barclays）、世界通訊公司（WorldCom）、安隆能源公司（Enron）和安達信公司（Arthur Andersen）的故事，這些大企業的災難應可歸因於缺少追根究柢的領導者。歷史學家仔細檢驗隱藏在諸如鐵達尼號郵輪（the *Titanic*）沉沒、挑戰者號太空梭（the *Challenger*）爆炸，以及豬玀灣事件（the Bay of Pigs）等大災難背後的情況和細節之後 ，發現一個共同線索：參與者及領導者無力或不願意就他們的疑慮提出問題。某些小團體的成員擔心，他們是唯一有特殊疑慮的人（實際上，事後發現團體裡有許多人有類似的疑慮）。其他人則覺得，別的團體成員的意見已經回答了他們的問題，而且如果他們提問，會被認為那是個笨問題，還會因為愚昧受別人奚落或不被團體認同。因為沒有人提問，所以當鐵達尼號沉沒時、挑戰者號太空梭爆炸時、甘迺迪（John F. Kennedy）總統下令祕密攻擊古巴的豬玀灣時，死傷才會如此慘重。

鐵達尼號的沉沒

　　鐵達尼號為何會沉沒？當這艘豪華郵輪在一九一二年四月十

四日沉沒時，超過一千四百位乘客隨之葬身海底。事後，大西洋兩岸湧現許多疑問：這艘號稱永不沉沒的郵輪為什麼會在橫跨北大西洋的處女航時沉了？到底出了什麼差錯？為何策畫者和造船者未能預料到這種悲劇的發生？調查發現，有幾位參與策畫和造船的人確曾有此顧慮，但是在同儕共處時，卻沒有人提出他們的疑慮。為何不問呢？因為他們擔心問笨問題會被視為愚蠢無知。如果其他「專家」不曾懷疑這艘船的結構和安全性，那麼一切必定沒問題。當鐵達尼號出航時，鄰近其他船隻曾警告他們附近有冰山。「鐵達尼號曾收到許多有冰山的警訊，」羅伯・密特史戴德（Robert E. Mittelstaedt）在他的著作《關鍵決策：中斷摧毀企業的連鎖錯誤》（Will Your Next Mistake Be Fatal？）中寫道，「但是卻從未提到過她曾要求其他船隻提供更新的消息。如果有人好奇到去問附近船隻要求更多有關訊息呢？」[2]

挑戰者號的爆炸

　　挑戰者號太空梭在一九八六年一月二十八日發射，並在升空後七十三秒時爆炸。許多針對挑戰者號發射時究竟出何差錯的研究，都把重心放在太空梭和美國航太總署（NASA）、莫頓・希歐寇公司（Morton Thiokol, Inc，MTI）及馬歇爾太空中心（Marshall Space Center）的溝通問題上。MTI 就是要為太空梭發射時爆炸負責的零件供應商，他們靠馬歇爾太空中心取得這項合約，而馬歇爾太空中心的經費及補助則來自美國航太總署。在這次致命發射的將近兩年前，MTI就已經知道，一個防止熱氣從實心火箭推進器外洩、會燒

穿燃料槽（挑戰者號爆炸的真正原因）的密封零件O型環可能會出問題。為了證明這個疑問，MTI的工程師堅持應該做更多檢驗以確定O型環的穩定性。在之後的檢驗過程中，他們確認O型環並不穩定，特別是在溫度降至華氏53度以下時。當一九八六年一月二十八日挑戰者號發射時的溫度是華氏36度，遠低於安全極限，為什麼卻仍然獲准升空呢？因為那些在發射控制桌旁的人不敢表現出他們的疑慮，或者在那天早上走進控制室前，他們本來有一些問題想問，在最後關頭卻又吞了回去。

一九六一年入侵豬玀灣

因為害怕破壞那種全體一致通過 —— 要大幹一場 —— 的熱烈氣氛，讓一些甘迺迪總統的幕僚未能及時反對入侵豬玀灣計畫。在豬玀灣一役慘敗之後，約翰·甘迺迪總統自問：「我怎麼會那麼笨？」

究竟發生了什麼事？一九六一年，美國中情局（CIA）和軍方領導人想利用古巴流亡分子推翻卡斯楚（Fidel Castro）政權。經過他的高級幕僚長期策畫後，甘迺迪總統核准了一項祕密入侵行動。但是卡斯楚經由新聞報導獲得警訊而有所戒備，結果美國派出超過一千四百人的進攻部隊到了豬玀灣後，發現敵軍人數遠遠多於自己。在缺乏空中支援、彈藥不足、沒有撤退路線的情況下，近一千二百人投降，其他全部陣亡。中情局高層官員怪罪甘迺迪總統未下令執行重要的空中轟炸。其他的中情局分析人員則歸咎美方，太一廂情願地計望入侵行動會引發古巴老百姓和軍方之間的暴動。策畫

人員假設入侵部隊只需要隱沒在山區裡打游擊戰。麻煩的是，從山區到灣邊散布著長達八十哩的沼澤地。類似這樣所料未及的事有一長串。

　　集體思考是爾文・詹尼士（Irving Janis）用以形容下面這種現象所創的一個名詞：這種錯誤的團體動力使得一個不好的計畫因未經提問和反對意見的挑戰而得以執行，有時會產生災難性的後果。[3]甘迺迪總統的高級幕僚不願意挑戰不好的計畫，因為怕會擾亂了共識或是團體意見。舉例來說，當時的總統顧問亞瑟・舒勒辛格（Arthur Schlesinger）曾在呈交給總統的外交備忘錄中強烈反對這項入侵行動，但在小組會議上卻未提出他的疑慮。司法部長羅伯・甘迺迪（Robert Kennedy）曾私下責備舒勒辛格不該支持總統決定入侵。在一個決定性的會議上，甘迺迪總統請求每一位與會成員就入侵案投票表示贊成或反對；每個與會者 —— 除了總統知道有強烈疑慮的舒勒辛格之外，許多人於是假設其他人都同意入侵計畫。舒勒辛格事後十分懊悔：「豬玀灣事件之後的幾個月，我一直對我在內閣會議做重大討論時靜默不語而自責不已。」他接著說：「當時除了提出幾個無關痛癢的問題外，我沒能多做什麼，我只能說，由於我們無力去挑戰其他人、去提問，所以就未出面阻止這項不合理的行動。」[4]自從出了那次大紕漏之後，甘迺迪總統將他的決策過程做了修正，此後在他的決策小組裡，他鼓勵大家提問、提出異議及批判性的評論。

日常性的災難防範

　　問題和好問的態度之所以重要，並非只針對預防歷史性災難而已，在日常生活中，這兩件事對於提供回饋、解決困難、策略規畫、化解衝突、小組建構及其他方面也非常有用。當我們迴避提問時，就算不會導致歷史性的災難，所有這些行動也都將無法實現。中賓州家庭保健委員會公司（Family Health Council of Central Pennsylvania）總裁暨執行長辛蒂・史都華（Cindy Stewart）曾告訴我下面這段話：

　　我最早曾經在一家成衣廠做事。我的工作職稱是「地板女孩」，也就是做「地板小姐」的助手 ── 我不是在說笑！這個工作就是把成衣從這個步驟送到下一個步驟，以確保工作單位內所有員工都有活兒做，並且在交貨日期前完成那件服裝。這當然不是個管理職位。我還很清楚地記得，有一次聽到經理在開會討論某一款睡衣的製程，常常會出現一個特殊的瓶頸。他們絞盡腦汁想找出解決方法，卻沒有一個行得通。我現在還清楚地記得，當時我就在想：「希望他們能來問問我的意見。」因為我的工作最接近出問題的那個環節，我覺得我最能解決這個問題。當然，他們從沒來問過我。

　　由於沒有提問，這家成衣廠的經理小組不但把一個有潛力的重要意見和資訊來源摒除門外，他們解決問題的能力還大受打擊。這個經驗讓史都華留下一個深刻的印象：

　　我想，當時我就下了一個決心，如果日後我能爬到一個領導職位，我絕不會假設擁有這個頭銜就代表我會有所有的答案。做了二十幾年的決策執行者，我漸漸了解到，我的成功大多歸功於我信任和我一起工作的人的能力。我真的認為，那些想要包攬全局、告訴每個人該怎麼做的領導人，最終注定會失敗。

面對現實

　　詹姆・柯林斯（Jim Collins）在《從A到A⁺》（*Good to Great*）這本書裡告訴我們，如果沒有面對「殘酷現實」的能力，沒有一家公司會成功。[5]看看美國職棒波士頓紅襪隊（Boston Red Sox）的故事，大家都知道，該隊雖然在二〇〇四年世界大賽奪得冠軍，事實上卻是睽違多年才再次獲得這個寶座。但是在一九四〇年代，紅襪隊可是幾支美國職棒當紅隊伍中的一支。然而到了一九五〇年代，他們的戰績卻大幅滑落，其中的一個原因是種族歧視。當職棒大聯盟其他隊伍紛紛開始徵用黑人球員以增強實力時，紅襪隊卻遲遲不肯改進。它放棄了傑基・羅賓遜（Jackie Robinson）和威利・梅斯（Willie Mays），成為大聯盟中最後一支有黑人球員加入的隊伍。直到一九五九年，才有黑人球員穿著紅襪隊球衣出現在球場上。偏見顯然是重要因素，但是強化這種偏見的是一種不提疑問的態度。正如席尼・芬克斯坦（Sidney Finkelstein）在《從輝煌到湮滅》（*Why Smart Executives Fail*）一書中寫道：「波士頓紅襪隊的老闆湯姆・姚基（Tom Yawkey），是個非常典型的自滿型偏見代表人物。當

他的球探跟他說，非裔美籍球員不夠好，或簡而言之，就是還沒準備好要打大聯盟的大賽時，他毫不質疑就全然接受他們的報告。然而，只要有任何一點點企圖認真查證這些評估的真實性，很可能就會讓姚基對他的球隊現況產生質疑。」[6] 當領導者不提問時，就是放棄驗證他們自己的假設和偏見的機會，而這些偏見多半牽涉到種族或與客戶行為、策略威脅、市場狀況、產品品質、員工能力或任何相關的信念。

換句話說，不提問會讓我們在曲解現實的情形之下行動。事實上，在〈殭屍企業：如何從它們的錯誤中學習〉（Zombie Business：How to Learn from Their Mistakes）一文中，芬克斯坦把不會質疑主要現狀的那些公司稱為行屍走肉（zombies）。這種公司，他指出：「就像一具會走路的僵屍，卻還不知道自己已經死了——因為這家公司創造了一種將自己與外界隔離的文化，把任何可能與它的現實情況相牴觸的資訊全都排除在外。」[7] 但是奇異公司（GE）的前執行長傑克‧威爾許（Jack Welch）說，成功的領導是指：「從它的原貌去看這個世界，而不是從我們希望這個世界將是怎麼樣或是應該怎麼樣去看它。」[8] 那些該為豬玀灣事件、挑戰者號太空梭爆炸、鐵達尼號郵輪沉沒負責的人，都是因為當時沒有提問，在曲解現實情況下做出錯誤的行動。

根據諾爾‧逖區（Noel Tichy）所寫的，規避提問的組織和領導者實際上喪失了許多學習的機會。「這不是一件瑣碎無關緊要的事。許多主管關閉了學習的大門。在每天與員工的互動中，他們不

是發號施令，就是批評其他人所提出的意見。」[9]逖區表示，下達
指示而不提問，實際上會讓整個組織變得更笨、「更不聰明、更不
一致，每天的精力都不夠」。在這樣的組織裡，「絕少或根本沒有
知識交換，大家假設只有高層人士才有聰明才智，而資深管理層以
下的員工則根本就不需要帶腦袋來上班。」[10]

陶氏化學公司（Dow Chemical）的總裁暨執行長麥可·帕克
（Mike Parker）指出：「許多不好的領導方式來自於不能或不願提
問。我曾經觀察無數有才幹的人——這些人的智商遠超過我——
成為領導者時卻一敗塗地。他們有很廣泛的知識，可以說得頭頭
是道，卻不太會提問。所以雖然他們知道很多高層次的事情，卻不
曉得系統下層到底出了什麼差錯。有時候他們不敢問一些笨問題，
殊不知這些最笨的問題卻可能效果宏大，因為它們會打開一段對
話。」[11]

將提問當做終極領導工具

許多年前，戴爾·卡內基（Dale Carnegie）在他的暢銷經典
《讓鱷魚開口說人話：卡內基教你掌握「攻心溝通兵法」的38堂
課》（How to Win Friends and Influence People）中指出：「有效率
的領導者都會提問，而非下達指令。」歐克雷和克魯格（Oakley
and Krug）將提問法稱之為領導者的「終極賦權工具」（ultimate
empowerment tool）。[12]他們觀察發現，身為領導者越會針對重點提
問、越是注意傾聽那些問題的答覆，我們自己和一起工作的人就越

能一致地達成令彼此都滿意的目標、充分賦權、減少阻礙，並讓所有人願意一起追求創新改變的方法。

著名的哈佛大學（Harvard University）教授及領導統御方面的作者約翰‧科特（John Kotter）寫過，領導者和管理者最大的不同就在於，領導者著重的是提出適當的問題，而管理者著重在尋找那些問題的解答。[13] 把重點放在找尋答案不能混淆了問對問題的重要性。成功的領導者知道，沒問對問題就不會得到適當的答案。

彼得‧杜拉克（Peter Drucker）發現有效率的主管都會採用下列九種做法：

- 他們問：「哪些是必須做的？」
- 他們問：「什麼是對企業有好處的？」
- 他們提出行動計畫。
- 他們為決策負責。
- 他們為溝通負責。
- 他們看重機會而非困難。
- 他們推動有成效的會議。
- 他們三思而後行，並且說「我們」而不是「我」。
- 他們先聽，最後才說。[14]

這些做法中，最核心的元素就是提問。

當約翰‧彌爾（John Stuart Mill）於一八四三年寫《邏輯體系》（*The System of Logic*）一書時，就十分強調提問的重要性，他在書

中指出，若無尖銳的批判性思考的協助，只能累積出一堆空洞的意見。「唯有在自己專業領域裡的人，才曉得自己所知是多麼地少。他的理由也許不錯，也許沒有人可以駁倒他，但如果他也無法駁倒對方，那麼，他的意見也不見得好到哪裡去。」[15]

有效提問的能力是領導者最重要的工具之一。福特汽車公司（Ford Motor Company）前執行長唐諾・彼得森（Donald Peterson）有一次曾說：「多問一些對的問題，可以減少去找所有答案的需要。」

在我個人訪問許多成功領導者的經驗中，我發現他們都願意表達他們對某些事的無知，也同樣尊重提問的力量。嘉吉啤酒（Cargill Malt）美國分公司總裁道格拉斯・伊頓（Douglas Eden）受訪時曾說：

當我從海外出差回來並被任命為美國分公司總裁時，老闆要我針對公司業績衰退做大幅改革。我們必須快速決定是要繼續做下去，還是退出市場。如果要做，如何改革才能讓生意維持下去？起初我並非有意當一個提問型領導者，後來卻因為我有許多的問題要問，也必須去找答案，就這樣慢慢成形了。我們究竟應該繼續做個有效率、低開銷的供貨商，還是成為啤酒釀造商的解決方案供應商？對啤酒釀造師傅來說，最重要的東西是什麼？是製造出更好的泡沫和風味這種技術性問題，還是供應鏈的解決方案？

我是這一行的新手，自然有很多問題。公司裡，有些同仁希望我能夠更直接告訴他們如何解決各式各樣的工作難題，但是我真的不能

立刻知道該怎做，我也還沒準備好立即提出解決方案。有些同事比其他人能接受我這樣的處理模式，當我們大家都較能向其他人提問時，我們便找到了能帶來長期合約的解決方案，也讓我們成為更有價值的廠商。

　　幾年以後，我們現在已經是更成功的企業了，而我認為我們能夠提問的能力就是帶來成功的最大功臣。我們這一行很複雜，所以我們必須一起尋找解決方案。

　　這兩位領導者都很願意說「我不知道」。他們願意提問，也願意與其他人一起合作尋找答案。就如柯林斯告訴我們的：「從A到A$^+$的領導方式，並非直接提供答案，然後要所有人跟著你救世主般的觀點做事；而是說，應該謙虛地就你所知有限不恥下問，這樣才能導引你做出最好的判斷。」[16]

　　另一位有效運用提問式領導的例子，是美國海軍艦長麥可・艾伯拉蕭夫（D. Michael Abrashoff）。透過他所謂的「草根性領導」，艾伯拉蕭夫使賓福特號驅逐艦（USS *Benfold*）——美國海軍最新式戰艦之一——的運作產生一百八十度的轉變。他的方法很簡單，效果卻很驚人。在艾伯拉蕭夫二十個月的領導下，賓福特號只用掉分配預算的百分之七十五，將140萬美元繳回美國海軍的金庫。在那段期間，該艦的戰備程度指標是太平洋艦隊有史以來最高的。他手下的晉升率是美國海軍平均數的二點五倍。美軍事前部署訓練週期通常是五十二天，賓福特號的官兵卻只花了十九天就完成訓練。在前一任艦長十二個月的領導期間，該艦有二十八件紀律懲戒案，

二十三名海軍遭到解職。在艾伯拉蕭夫指揮期間，只有五件紀律懲戒案，沒有人被解職。前任艦長指揮期間，有三十一人調離該艦，他們多因抱怨背痛而被改派較輕的工作。艾伯拉蕭夫任內，只有二人因健康因素被調職。通常有三分之一的新兵不能在入伍後第一期訓練過程中過關，僅有百分之五十四的新兵能在他們第二次出任務後繼續留在海軍。艾伯拉蕭夫艦長領導時，賓福特號所有的新兵全都簽下第二次出航任務。據估計，一九九八年，單就這次人員保留，就為美國海軍省下160萬美元。[17]

究竟他做了什麼，能在不到二十個月內達到如此驚人的轉變？正如他自己所說，他就是不斷地提問罷了。他注意傾聽，然後就他所聽到的做出回應。幾乎就在接任後，他立刻用每人十五至二十分鐘的時間，一一召見艦上三百名軍官。他問每個人下面三個問題：「你最喜歡這艘艦的哪一點？」「你最不喜歡哪裡？」「如果能夠，你會如何改善？」

每當這些問題有了答案，艾伯拉蕭夫就盡速交付執行。他發現，遵循現有程序、按照舊有模式辦事不再有效。

艾伯拉蕭夫提出願景，並信任他的屬下。他讓大家對他們的工作都很自豪。

在賓福特號上，每當我不能得到想要的結果時，在發脾氣之前，我會試著先在內心尋求解決方法。每次我也會自問三個問題：「我有沒有很明確地告訴官兵我想要達到的目標？我有沒有給他們完成任務所需的時間和資源？我有沒有給官兵妥善完成工作所需的足夠訓

練？」有百分之八十的時候，我發現我自己正是問題的一部分，而僅僅透過我自己的行動改變，我就能顯著改變整個結果。[18]

艾伯拉蕭夫對每一條規定都提出質疑。他指出，每次有官兵就某些事找他核准或簽字時，他的第一個問題永遠是：「我們為什麼要這麼做？」

如果對方的答覆是：「因為以前就是這麼做的。」我就會說：「那不夠好。去找找看有沒有其他更好的方法。」

過一陣子，他們在找我解決問題之前會先做準備工作，並且向我解釋「這是為何我們這麼做的理由」，或者「我們已經想到一個完成此事的更好方法」。這麼做雖然快把我屬下的軍官搞瘋了，但也因此創造一種質疑一切的管理文化，我們訓練官兵時時留心新的辦事方法。[19]

有好問題才有好領導者

提問而非告知，問題而非答案，已經成為二十一世紀卓越和成功領導方式的關鍵。彼得‧杜拉克公認是二十世紀的領導學大師，他曾指出，過去的領導者可能是一個知道如何解答問題的人，但未來的領導者必將是一個知道如何提問的人。隨著世事錯綜複雜和快速變遷，傳統的領導模式將不再適用於未來。領導者就是無法通曉一切，再告訴其他人該怎麼做，因為世界變化太快了。沒有一個人

能掌握所有資料來處理今天組織所面臨的複雜問題。

戴爾電腦公司（Dell Inc.）的創辦人暨領導者麥克‧戴爾（Michael Dell）就對提問法的驚人力量深信不疑。「問很多問題，可以讓你得到更多新點子，最終能讓你獲得更多競爭優勢。」他說。[20]戴爾也深信在公司裡可以向每個人學習。他採用系統性的做法，徵詢公司裡每個人的意見。「對公司裡類似的團體提出相同的問題後，再比較他們的結論，藉由此法，我們也學到很多……如果有個小組在中層部門裡做得很成功，我們就把他們的經驗心得傳授給其他小組……最後再擴至整個組織。」[21]

領導者需要創造一種質疑式的氛圍，在這種氛圍下，員工有安全感，可以信賴這個系統和相關的人。沒有這種安全感和信賴感，員工不會願意讓自己毫無招架能力，也不會好好回答讓他們覺得有威脅感的問題。沒有這樣的信賴和開誠布公，員工就不願意針對感受和問題做溝通，並向領導者提問對他們可能有所幫助的問題。

馬歇爾‧古得斯密（Marshall Goldsmith）是探討領導統御的頂尖人物，常教導領導者提問。在〈提問、學習、跟隨和成長〉（Ask, Learn, Follow Up, and Grow）一文中，他寫道：

未來，有效率的領導者會不斷地提問──如此才能獲取建議和蒐集新點子。明日的領導者會問重要的相關人員，他們的點子、意見和建議。重要的資訊來源將包括現在和潛在的客戶、供應商、小組成員、跨部會的同僚、直接報告、經理、組織裡的其他成員、研究人員以及思想領袖。領導者會用不同的方式提問：透過領導手冊上所列的

方法、滿意度調查、電話訪談、答錄機、電子郵件、網際網路、衛星通訊，以及面對面交談等。[22]

　　除了可以獲得新點子和想法這類顯見的好處外，古得斯密還加上：「被層峰領導者提問的第二個好處也許更重要，因為提問的這個領導者建立了一個學習模範。真誠的提問表示他願意學習、服務及謙遜，這些都可做為整個組織的一種啟發。」[23]

前瞻

　　與許多公認的格言大相逕庭的是，有效率的領導者並沒有所有問題的解答；反之，有效率的領導者讓提問變成一種習慣。想增強你的領導，最有效的方式之一就是提問；另一個方法就是：鼓勵別人提問。

　　當我們學習提問，而且是有效地提問時，我們的問題會讓個人、團體和組織產生莫大的轉變。下一章的內容就在探討為什麼會這樣，以及解釋一個鼓勵提問的企業文化為何獲利良多。

問題思考：

1. 我該如何用提問讓自己成為更有效率的領導者？

2. 我沒提出問題時，會造成什麼問題？

3. 我曾問過別人什麼很棒的問題？

4. 我這輩子曾提出什麼很棒的問題？

5. 我能說出「我不知道」嗎？

6. 我會對什麼人提出問題？為什麼？

7. 我可以提出什麼樣的問題，好幫助周遭的人學習？

8. 提問法如何為我的組織建立起學習文化？

9. 我有鼓勵周遭的人提出問題嗎？

10. 我要怎麼改善提問的技巧？

chapter*2*

提問型文化的優點

我們都聽過這類的說法：

- 照做就對了，才能跟大家好好相處。
- 別亂出主意。
- 他們付我的薪水太少，我才不去傷這個腦筋。

　　如果在你的組織裡常常聽到這些或是類似的話，可以確定這個組織沒有提問型文化。在不鼓勵提問的組織中，資訊通常被隱藏起來，每個人都把頭垂得低低的，不去多管閒事，只有極少數的人願意冒險。在回答導向的組織裡，通常看不到冒險、挑戰權威、嘗試犯錯等行為。[1]這種組織內流行的文化，不論明的暗的，都是剛硬死板、保護性、自衛性、自動化例行程序及慣性。這些組織通常受困於士氣低落、團隊合作不佳、領導方式不好。他們最後會因此陳腐，甚至倒閉。

　　透過提問，領導者可以建立一種文化，在這裡，提問是受歡迎的，假設會受到挑戰，大家會發掘解決問題的新方法。提問會在組織裡建立一套追根究柢的文化，而這樣的文化又建立起一個學習型

的組織。戴爾電腦的創辦人麥克・戴爾觀察發現：「問很多問題，可以讓你得到更多新點子，最終能讓你獲得更多競爭優勢。……那就是為什麼你必須鼓勵資訊在各層面自由流通。」[2]

提問也會建立一個負責任的文化。他們無須透過討價還價就能促成承諾，並透過「公民參與」的方式一起支撐起這個企業共同體。[3]傑克・威爾許在《致勝》（*Winning*）一書中提到，領導者必須確實是提出最多和最好的問題的人。[4]

提問型文化是什麼？

當我們問別人問題並請他們一起找答案時，這不僅僅是分享資訊，也是分擔責任。一個提問型文化是一個分擔責任的文化。同時，當責任分擔後，大家就會交換意見、共同解決問題（問題不是你的或我的，而是我們的）、一起承擔後果。當一個組織發展出提問型文化後，它也同時創造了一個**我們**的文化，而非你對抗我或雇主對抗雇員的文化。

諾基亞前人事部門主管潘提・辛登曼拉卡，為提問型文化的特質做了一番描述：

提問式領導讓部屬有機會更積極主動。想更積極主動，他們需要學習自我領導的技巧。透過提問，他們也會擔負更多責任，會更積極、更忠誠。人人都喜歡自己找到答案的那種感覺。提問式領導是指一種氛圍，在這種氛圍下你可以挑戰任何事。提問法創造一種開放式

溝通的文化。對我個人來說，提問式領導讓我這個做頭頭的有更多的自由。

庫茲和波思納（Kouzes and Posner）提醒領導者，要注意整個組織內的人在做什麼和他們為何這麼做的重要性。他們要我們假想一下，如果領導者積極涉入許多人的培訓過程中，這個組織價值觀的自主權還會有多少？他們指出：「分享價值觀是傾聽、欣賞、塑造共識，及練習化解衝突的結果。要讓眾人了解並且同意這些價值觀，他們必須參與這個過程。團結一致是靠慢慢打造，而非強迫形成的。」[5]

一旦能勾勒出員工心中希望塑造的形象以及所嚮往的價值觀和行為，領導者所問的問題就會讓這個組織發生轉變。藉由這些問題的力量和問題中所選用的字眼，領導者展現的不僅是方法，也是代表組織願景、價值觀、態度、行為、結構和觀念的象徵。

一個提問型文化有六個標誌。當一個組織有提問型文化時，裡面的人：

- 願意承認「我不知道」。
- 不但接受提問也鼓勵提問。
- 獲得協助，發展出用正面方式提問的技巧。
- 專注於問一些有激勵性的問題，而非打擊信心的問題。
- 強調提問與尋求解答的過程，而不是強調找「對的」答案。
- 接受與獎勵冒險。

提問型文化：對組織的好處

　　對增進個人、小組和組織學習來說，各式各樣的問題就好比蓋房子打地基一般。每個問題可能就是一個潛在的學習機會。事實上，深入且重要的學習，只有在深思熟慮的結果下才可能發生；沒有問題的導引，是不可能會深思熟慮的——無論這個問題是源自於外在或內在。一個鼓勵提問的文化同時也會鼓勵學習。亞當斯（Adams）寫道：「提問型文化能迅速且有效率地對組織內部的問題做出反應，同時在規畫處理來自外部的挑戰與機會時，也能保持領先的優勢。」[6]會提問的組織更有活力、更靈活、更善於合作，也更創新。

　　提問的行為其實對人類大腦有一種生理上的影響。你不妨從這本書或任何一本書上找個標題做試驗，將那段話改寫成問句。舉例來說，就用「行動學習幫助我們學習」這句話。如果你問自己：「行動學習怎麼會幫助我們學習？」你會很驚訝地發現，你將從該章節裡面多學到很多東西，而且你會記住更多讀到的內容。

　　學習全靠好奇心和提問而來。好奇心的經驗就是人類存活的經驗，背後的驅動力就像每個孩子都會說的一句話那麼簡單：「這是什麼？」正是透過提問，我們將好奇心轉變成行為，結果顯示，不論正式、非正式或個人與否，提問都是任何一種學習的基礎。[7]問題，尤其是具有挑戰性的問題，督促我們去思考、去學習。

　　科萊特企業的副總裁傑夫・克如爾，就提問在組織型學習中所扮演的角色做如下的詮釋：

　　科萊特變成了一間教室……我們的工作環境中，每個人都在問如何把事情做得更好。我們並不是在找「那個答案」，我們是在找比我們任何一人所能想到的更好的解決方法。

　　昨天的答案無法解決明日的問題。我學到，想要解決明天的問題，你必須把自己提升到一個不同的思考層次，誰能比那些基層的經理人更能清楚地告訴你公司環境正如何的改變？

　　克如爾特別強調一個學習型文化有一點非常重要：一個提問型文化會促使大家不斷地提問。重點不在找那個答案；反之，在學習型文化中，我們一直在提問和學習。也許今天我們會得到某個答案一而明天或許是一個更好的答案。世界童子軍運動組織（World Organization of the Scout Movement）的伊凡第‧若賈布（Effendy Mohamed Rajab）曾告訴我：「其實沒有什麼正確的答案。」若賈布說，提問的重點是要獲取不同的想法觀點。

　　門徑中游夥伴公司是位於奧克拉荷馬州的石油與天然氣公司，執行長麥克‧史戴斯告訴我，他曾有好幾次機會用提問的方式去理解並處理組織內的紛爭：

　　負責監督該部門績效的主管，時常會和負責執行的營運團隊產生紛爭。開放式問題讓我能判斷眼前的疑難主要是未經證實的偏見所造成，還是由於雙方心目中的優先順序不同，才導致意見不合？明確且直接的提問，讓雙方都能發現自己抱持的偏見或差異，並找出有建設性的折衷解決方案。每當提問法讓彼此的關係有所突破，並帶來遠超

越眼前紛爭的的長期效益時，就特別令人覺得意義非凡。

　　康菲石油公司（ConocoPhillips Petroleum）的批發行銷總裁馬克‧哈普（Mark Harper）則強調，蒐集新觀點是提問法最重要的用途之一。他說，他用提問鼓勵員工「從不同觀點看事情」。他還說：「讓潛在的成見浮現檯面並改變它，是非常重要的。」當我們張開眼睛、敞開心去看別人的觀點時，我們其實就已在學習了。

　　亞當斯觀察到，「最聰明、最創新、最有生產力的組織，以及最有資質的領導者與經理人之所以會成功，不是因為他們能很快提供答案，而是因為他們創造了提問型文化。這種工作環境非常深思熟慮、具有戰略性，在商品、服務甚至營運上都能達到最多的突破和創新。」[8]

　　洛克希德馬丁公司（Lockheed Martin）前董事長暨執行長范斯‧考夫曼（Vance Coffman）曾經表示，他用提問法建立了一個學習型組織。「絕佳的問題是激發好奇心的好燃料。絕佳的問題引導我在狀況發生時找出有共識的解釋。」當問及一個洛克希德馬丁公司新上任的資深主管應該問哪些重大問題時，他回答：「為什麼會是這樣？我們知道造成這個結果的原因何在嗎？」他繼續說道：

　　不論在何種情況下，好問題可造就更好的計畫，或是幫我們解決困難。如果你所有的小組成員都重視什麼是重要的、為何它重要以及是什麼邏輯使我們做這個而非做那個等等，那麼，你就有一個非常好的小組。一旦我同意一個小組的決策制訂過程，以及這個小組成員

將怎麼樣合作時，這個小組通常就會把問題解決，而且會交出非常棒的成績來。但是如果一個小組的運作不好，我第一個會問為什麼會這樣，然後再問我們可以怎麼改善，讓更適任的人適時完成這件工作。當這些適任的人就位時，一個陣容堅強的小組應該夠誠實、夠好奇、夠有興趣去敦促彼此思考，為何我們的公司要做這個，要如何做，還有未來的走向為何？事實上，我要每個小組就像一刀兩刃一樣，有嚴屬的質詢，同時有相對的合作行動。[9]

　　事實上，質詢和合作行動往往是相輔相成的。沒有提問和回答問題的過程，很難去配合別人。而用正面方式的提問和回答，就會導致合作。

決策制訂的改善與解決問題

　　當提問型文化促進了學習，便有助於改善決策制訂和問題解決。提問有助人們獲得不同的觀點、了解別人的想法。當他們從不同的角度看待事情和問題時，就會見識到其中的錯綜複雜——也會讓自己擴大範圍尋找可能的解決方法。 在我訪問健保執行公司（Executive Healthcare Partners）的合夥人大衛·司密克（David Smyk）時，他強調從不同觀點做決策制訂和解決問題的重要性：

　　我的經驗是，那些埋首企畫案的人通常看不到在他們所知範圍外有一些可能的解決方法。身為一個提問者，藉助挑戰他們用不同於以往的新方法重新看事情，我幫助他們擴大了視野。這些無限制的問題

並無威脅性，而且當一個人不覺得它們「立刻」會造成威脅時，啟發式的思考就隨之源源而生。此外，適當包裝問題可以使提問者被視為一個協助成功完成目標的小組成員，而不是過程中的絆腳石。

　　那些會鼓勵不同階層的領導者，花時間提問考慮周詳的問題和探索問題的組織，大大增進了他們做出好決策的機會。比起單靠自己的消息來源、意見和想法，和最接近問題中心的人談話，可以讓你蒐集到更多相關資訊、做更好的觀察、做出更有信心的行動。策略大師國際集團（Masterplanning Group International）的總裁鮑伯‧比爾（Bobb Biehl）指出：「如果你問了有深度的問題……就會得到有深度的答案。如果問的是膚淺的問題，就會得到膚淺的答案；而如果你不問任何問題，那你也得不到任何答案。」

　　提問本身自然會幫助我們做清晰、邏輯性及策略性的思考。提問會增進溝通和傾聽，也能防止我們誤解彼此的動機。透過傾聽每個人的問題，我們可以比被迫去聽根據假設而生的意見和陳述更容易發現真相。真相並非從意見而來，而是由開放心態的自由活動而生。提問讓我們將其他人都視為訊息來源。

　　提問法鼓勵並讓個人和團體了解、闡明且打開通往探索解決困難的新途徑。它們為找尋解決方法的策略行動和潛在途徑提供了新的洞察力和新觀點。提問和對這些問題所得到的反應，為更快解決困難及做更好的決策提供了必要和重要的資訊。它們給領導者機會去獲取未經過濾的資訊。經由提問，領導者不僅學到是什麼原因直接導致問題或者何種方案也許可以解決問題（單向學習），同時也

發現和學習到哪些可能是潛在的因素及解決方法（雙向學習），進一步學到是文化和心態造成這些因素及解決方法（三向學習）。

康菲石油的哈普指出提問型文化的另一個優點：它有助於創造「一種在主要決策制訂前，先產生對話和辯論的更高層次的信任。」結果每個人都覺得自己參與了其中的過程，而且「當必須有所改變時，大家都會更支持」。

提問也會因有共同的焦點而產生共識，讓你更覺得你可以解決這個該解決的問題。在《瘋狂時代的聰明想法》（*Smart Thinking for Crazy Times*）一書中，伊恩・密綽夫（Ian Mitroff）觀察到，個人和組織會陷入麻煩是因為他們經常解決的是錯的問題。[10]組織心理學者如布拉克（Block）[11]與費爾（Vaill）[12]都曾指出，最早呈現的問題鮮少是大家最想解決的大問題，大多數時候它只是個徵兆，但是當大家開始研究如何解決時，它反而變成一個更緊急、更重要的問題了。所以領導者需要從第一個分岔點開始質詢，唯有如此，才能凝聚共識並縮小焦點，重新研究如何解決問題。

領導者往往以為自己對問題瞭若指掌。解決任何問題最常見的（但未必是他精通的）第一步是：先確定你知道問題是什麼。因為過去聽過或有過經驗，所以大多數人會預先假設現在我們完全知道並且了解問題究竟是什麼。同時，更危險的是，我們相信別人都有相同的看法、都了解問題所在。事實上，如果有七個人經歷同一個問題，他們對此問題可能會有七種不同的描述。

提問型文化有助於去除這些典型和錯誤的假設。當提問變成大家的例行公事和習慣時，各式各樣的觀點就自然地凸顯出來，結果

就更清楚地呈現出問題的全貌。工作團隊將更能在決定目標和特別的策略前全面了解這個問題。想取得對問題廣泛、宏觀的看法，唯有公開且立即詢問每個人，然後思考他們對這些問題的答覆。對問題反應的過程，要有一個中心觀念：鼓勵大家問笨問題 —— 或更精確地說，新鮮的問題。

更好的組織變動適應性和接受度

　　變動為組織帶來行事的新想法和新方法。非提問型文化通常不歡迎變動和新想法，因為這些可能與組織現況、既存的精神模式或**以前從未被質疑過的**做事方法起衝突。如果很少提出問題，那些新想法就得在不引起防衛或憤怒的前提下，去對抗既存的假設。這一點在不鼓勵提問的組織裡很難實現。不管問題多婉轉，它們都會顯得非常突兀，因為提問在這裡太罕見了。不過，當組織發展出一種提問型文化時，問題就不再不尋常、也不再具威脅性。這樣可以比較容易讓人問更艱難、更具挑戰性的問題，也使組織比較容易接受變動。

　　面臨改變時，人會將焦點放在他們將失去什麼上。人們越能感受到自己做的事能造成改變，對自己在做什麼的感覺就會越好。一旦感覺越好，他們的自我評價越高，貢獻的也就越多。藉由提出適當的問題、使員工忙著做回應，有效率的領導者在做改革時會獲得更多的效益。好的領導者就像改革的催化劑，給屬下機會掌控決定他們自己的未來。提問可以使員工更了解他們能為達成組織的目標做何貢獻，而後為那些目標做更多的義務承擔。

　　好的問題使提問者更明白改革的需要，以及更敞開心胸、更願意改變。這些問題基本上能讓領導者變成改革的催化劑。採用提問型領導方式的領導者，很可能更支持那些在質詢中聽到和發展出來的新想法，因為新想法和新觀點可以讓領導者在倡導改革時的論點更有力。

推動和激勵員工

　　好的問題會激勵人心，而一個提問型文化可以激勵一整個組織。瑪格麗特・惠特雷（Margaret Wheatley）就指出提問和答覆的反應是如何鼓舞人們，以及如何激發他們的內在動機。[13] 提問創造出培養開放和釋放能量的情境。人們在接受提問時會受到激勵，因為他們被要求說出自己的想法。

　　道格拉斯・伊頓說：「提問很有趣，員工都很喜歡。」伊頓是嘉吉啤酒美國分公司總裁。他在一九七八年加入嘉吉時是在明尼亞波利（Minneapolis）分公司當會計師，當上總裁之前，他在泰國、澳洲和美國八個城市的分公司的資深管理部門都待過。他說：「提問導致有意義的對話、讓所有人參與，事實上，讓我這個領導者得到更多信任。」

　　布蘭查（Blanchard）指出，很多領導者都想讓別人覺得自己不重要。[14] 有關領導方式很重要的一點，不是當你在那裡的時候發生了什麼事，而是當你不在那裡時發生了什麼事。在組織內推廣提問型文化的領導者促使員工從依賴變成獨立。布蘭查表示，好問題使員工有能力處理事情，所以當你不在那裡時所發生的事都會是正

面的。提問能打造一個提供支援、具有創造力的工作環境。經由提問，領導者協助屬下自己去發現，對他們而言什麼才是為組織做必要之事時最重要的。這種發現的過程能增進屬下的自信與自尊，他們在進展中受到激勵。同時因為曾參與發展過程，所以他們可以主導整個結果。

提問絕對比告誡訓話更能激勵和激發員工更有效率。當領導者鼓勵提問型文化時，他們釋出微妙的訊息，這些訊息建立起員工的自尊和自信，而這正是轉變他們思考模式的關鍵。這個訊息 ──「我關心你的想法，你的意見很重要而且在這裡受到重視」── 激勵了員工並建立起正面的態度，也增進了他們的個人自我滿足。

好的問題激勵員工去找出他們自己的解決辦法。當發現答案時，他們就給自己責任並接受結果。問別人問題是向他們顯示你重視他們。提問讓人們從依賴變成獨立。

更好的團隊合作

把大家聚集在會議桌前，並不表示就能夠讓他們組成一個需要每個人互相配合的工作團隊。艾伯特實驗室（Abbott Labs）藥物管理營運（Pharmaceutical Regulatory Operations）的全球主管蘇‧惠特（Sue Whitt），先前是輝瑞藥廠（Pfizer）的全球研究部資深副總裁。她向我解釋，她在輝瑞藥廠工作時，如何鼓勵形成提問型文化，把她的團隊結合在一起工作：

　　當我在輝瑞主導發展階段任務的合成工作時，我有一個由不同單

位找來的十人幕僚小組。幕僚會議通常都像「一盤散沙」，每個人都盡量想說服別人，為誰最聰明而爭論不休，要把大家拉回會議的重點往往很難。但是我問的問題開始讓我的團隊有所改變。

我會問資料：「你們知道在年底前有多少資料庫需要完成的嗎？你們要按優先順序處理嗎？如果要，要依哪個為準，還有，我們該如何重新按優先順序來處理？」每告一個階段，我們就問諸如下面的問題：「哪幾點行得通？哪幾點做得很好？我們如何做得更好？」然後我們會確保在下一個階段具體實現這些想法。我一直持續地在我的團隊會議上用這種方法。

每個工作團隊的人都有充分的知識、智慧、創造力和精力。藉由鼓勵提問，領導者最能利用這些豐富的經驗，讓提問很自然地成為團體討論的一部分，激勵團隊成員。田納西州諾克斯維（Knoxville）美國鋁業公司硬式包裝事業部的分銷處副總裁麥可・寇門（Mike Coleman）曾告訴我，他在建立小組時，提問扮演了關鍵性的角色：

美國鋁業在我剛進公司時的情況糟透了，當時公司需要一個能扭轉乾坤的團隊。靠著問不同的人一大堆問題，我終於找到並組成了這麼一個團隊。我問他們問題在哪兒、有哪些可能的解決方案、如何處理內部與外部的問題、如何求生存與走下去？我要的答覆是像「我的看法是——你覺得如何？」

惠特和寇門所問的這類問題，可以塑造出一種聯合領導的友善氣氛。提問幫助團隊成員了解並重組集思廣益的知識。只要成員開始互問問題，由於他們現在更清楚地看到別人的觀點，同時也對自己的看法更透徹，因此在找答案和制訂策略時就會逐漸形成一種團隊共識。

只要適時、適法，提問就會像膠水一樣把團隊成員緊緊地黏在一起。提問會建立強而有力的團隊，是因為這些問題在成員間所產生的諸多影響。它們讓人有問有答、樂意相助、全力配合。當我們問有關別人的麻煩時，有個很有趣的現象：在詢問的過程中，我們對這個人的麻煩變得更感興趣。而當我們聽別人回答我們問的問題時，我們會很感謝他們所做的努力和他們給予的注意力。

瑪格麗特・惠特雷表示，領導者需要花更多的時間在團隊的合作關係以及相互討論上。[15]當領導者提問時，代表的是尊重、傾聽與關切。他們協助讓團隊目標更清晰，這是建立團隊最基本的要素。提問使領導者發展出更親近的人際關係，他們展示了提問者對別人的同理心和關心。

強化創新

想要創新，就必須先問你不知道答案的問題。事實上，創新鮮少是純憑靈感 —— 那種某些天才想到一個全新的點子，然後大喊「我發現了！」的時候 —— 產生的；相反地，創新是在人們用不同的角度看事情時才會發生。從一個提問型文化開始做，會幫助大家獲得新的想法，用不同角度看事情。在一個鼓勵提問的環境中，好

的問題就會激發創新。

　　辛登曼拉卡把提問型文化視為創新的一個重要基石。「當員工知道我不會一開始直接給答案但會先提問題之後，他們學會先問自己問題並先找答案。他們獨處時就開始問自己問題了。」辛登曼拉卡說，當你鼓勵這樣的提問方式後，你就「塑造了一個支持改革、創新和真正好奇精神的工作環境。」

　　同樣的，科萊特集團的克如爾也說，當他開始在部門裡塑造提問型文化時，新點子源源不絕：

　　　結果比我在改變領導形態以前的情況好得多。我們有了新選擇，這是我從未想過的。員工給我的直接報告上充滿新點子，有的是別人幫忙想的，有的是他們自己想出來的——最重要的是，我們部門的生產力提升了。當我晉升為領導者時，有些最好的點子是一些新來的經理人提出的，因為他們對這個新環境或新處境有不同於老員工的新看法。

　　提問也會鼓勵人們冒風險——歷史上最偉大的發明出現前，總是要冒點險的。在踏出每一步之前，總得有人質疑，現況能否改善或是能否變得更好？該問的問題是：如果我這麼做會如何？有沒有看待這個問題的其他方法？有沒有別的可能性是我沒想到的？比方說，哥倫布（Columbus）可能問過自己：「有海路到印度嗎？」或許在發展出立體派畫風時，畢卡索（Picasso）也曾自問：「我還能用其他什麼方式描繪人體？」[16]

提問型文化：個人的受益

前面探討的許多組織會獲得的利益，同時也會直接讓個人受益。舉例來說，當組織從受激勵的員工所產生的結果中獲益時，這些人也從這個結果中獲利，當然，更從參與他們的工作中所引發的快樂感中獲利。個人也從學習改進、更好的決策制訂與增強解決問題的能力及其他方面受益良多。儘管如此，提問型文化的優點，主要是讓個人受益，其次才是組織。

更強的自我認知

費爾指出，今天的經理人不但要敢做敢當，還需要有一種很強的自省、自知的能力。[17]所有最重要的領導技巧中，有一項就是要能機敏、清楚地了解個人的動機。根據費爾所言，能自我反省的提問者會成為較好的領導者。一個提問型文化鼓勵員工做自我反省。當我們可以很自然地問問題，而且用開放的心態面對別人提出的問題時，我們就更需要自省。而當我們要做的反省越多，我們做起來就越自然。

瑪瑞麗・古登伯格（Marilee Goldberg）觀察發現，大多數的人渾然不知或不覺得該問自己問題——就算這些疑問實際上控制著他們的思維、感覺、行動和所產生的結果。[18]大多數人不知道這些出自內心的疑問對我們的思維和行動是多麼重要。總而言之，這些疑問是我們如何審視生命和做決定的基石。如果處在一個鼓勵提問的文化環境中，將有助於我們更了解自己、更知道我們有哪些選

擇，也更能經由深思熟慮後再做決定。

　　自我反省讓我們更了解自己，更深刻地認知到自己為何做這些事而不做那些。舉例來說，問自己這個問題：「此時我做這件事真的值得嗎？」可以幫你找出事情的優先順序和價值。你的反應也可以讓你專注於能為想改變的事情做些什麼。至於類似「你能告訴我為什麼這件事如此困擾你嗎？」的問題，可以幫助你找出周遭的哪些事情對你而言是重要的。問自己問題，讓你可以從別人如何看你的角度更了解彼此的關係。

　　潛意識裡會自省的人比那些不自省的更知曉自己的內在感受，因此也更可能識覺到這些感受如何影響他們。自省促使我們更知道自身的價值觀、更公正真實、也更能公開地談論自己的感情。我們也更清楚自己的短處和長處，從而有準確的自我定位。

更有自信、更開放及更具彈性

　　鼓勵好奇心及提問的組織文化能協助員工發展自我。當看到受問者表現出對問題及提問者的欣賞及尊重時，會讓提問的人更有自信。在提問不受威脅並且成為日常的一部分時，員工更能處之泰然，更了解自己的長處，更有自信。一旦看到同儕和員工對問題展現出更大的應變能力和責任感，並且主動提出更多的意見，領導者在處理事情時，就可以更輕鬆、更有彈性。

　　反之，在不鼓勵提問的組織裡，那些疑問和提問者可能都被視為威脅。尤其是在這些問題未被公開或誠實地回答，或是根本被否決時，提問者會覺得受到壓制或排斥。

　　藉著激發自信心，提問型文化也會增強人們面對新挑戰時的適應性。不畏懼問題的人能對隨時發生的變化靈活地調適，在面對新資料或新狀況時，也不會一成不變。他們可以改變需求而不會模糊焦點或是喪失幹勁。他們也不擔心模稜兩可的情況。提問型領導者在面對高度壓力或危機時，會保持冷靜和清晰的頭腦；在面臨考驗時會保持鎮定。

　　諾華集團組織發展執行主管羅伯・霍夫曼強調這一點對提問型文化的重要性：

　　提問徹底改變了我。我更有自信，態度上更具彈性。我不再認為在與人交談或一些需要我鼓舞士氣的場合裡，我非得有答案不可。我覺得這一點讓我的溝通技巧進步很多，尤其在傾聽和說服的技巧上。

　　我更能信賴自己和別人了。雖然這在團體生活中好像有點矛盾，但提問型領導方式引導我信賴別人。我變得更積極，也更願意奉獻。

　　因為問更多問題，讓我更知道該朝哪個方向做，我也學到更多。我更有耐心、更有自制力，處世態度也更公開、更透明化。我現在看到自己更有彈性、適應性更強。我對各種有啟發性和有遠見及認知能力的機會的看法更為樂觀。

　　提問幫我對組織和政治現實有更進一步的了解，也讓我明白組織背景與發展方向的重要性。我也更願意冒風險以創造機會。我更能設身處地為員工、客戶和其他人著想，更願意幫助別人。我也更懂得如何激勵他人。

　　著名的英國數學和哲學家羅素（Bertrand Russell）說過：「偶爾在你早有定見的事情上打個大問號，其實是很有幫助的。」只要會提問並能接受別人的提問，無論是哪個層級，這樣的領導者都展現一種求知及自我改進的欲望。他們更能坦然接受有創造性的回饋和批評。這種領導者會主動問別人他們應該如何改善領導方式，以及他們應該加強哪些新的領導長處。

更懂得傾聽與溝通

　　當組織發展出提問型文化時，將有助各層面的領導者更能設身處地為其他同事著想，也更能配合他們。願意提問和被問問題的人，傾聽的能力會更強，通常也更容易抓準別人的看法。這樣的領導者與不同背景或文化的人在一起時，會相處得更好。採用提問型領導方式的領導者比較不會用威權式控制，而會更信任下屬。這種自由的心態，使他們傾聽和溝通能力更能發揮功效。

　　「提問讓我坐下來，變成一個聽眾，」嘉吉的伊頓說，「我現在跟人相處得更好，也更容易找出別人談話中的重點。提問使我召開的會議重點更為集中、更有效率，也產生更多的解決方案。我可以更快地了解關鍵問題的所在。」

　　這些問題迫使領導者傾聽別人的說法。因為屬下看到提問型領導者會設身處地為他們著想時，他們就更願意問問題、傾聽別人說話。一旦他們聽得更仔細，就會更願意支持領導者提出的倡議和意見。

　　在向眾人發表演說時，提問型領導者善於說服和吸引注意力。

就算有不好的消息或麻煩產生，提問型領導者也能確保下屬對組織的信心和支持。只要領導者注意聽問題的回應，四周的人會很感謝他們所付出的努力及關注。

有效處理衝突

提問型領導者比較會處理衝突，因為扎實的提問技巧使他們能讓所有的派系都說出自己的想法、了解不同的觀點，然後找出一個大家都認可的共同點。[19]希伊（Hii）發現，提問型領導者面對浮上檯面的衝突更能泰然以對，搞清楚各方的感覺和觀點，再重新朝一個共同點整合大家的力量。他們會往一個合作的方向處理衝突，不會過於武斷或被動，盡量化解衝突。

一般來說，面對人和問題比面對聲明容易得多，因此鼓勵提問型文化的組織，可以幫助員工討論事情和分享想法，以免它們被隱藏起來。提問可以使你暫時保留你的意見或觀感，直到你感受到別人的興趣或意見為止。

星座能源集團（Constellation Generation Group）的副總裁法蘭克・安卓契（Frank Andracchi）曾告訴我，提問法至少在兩個案例上幫他解決了一連串的衝突：

從面對面交談、會議、打電話到看文件，我在企業裡已經全面使用提問型領導方式。最近在我們公司和美國鋼鐵公司（United States Steel）的合約修訂談判過程中，這個方法便顯得極為有用。在問對問題而使雙方找到解決方案前，談判陷入膠著一年多了。透過提問，真

正的問題焦點被放在檯面上，雙方也就這些問題很快達成協議而皆大歡喜。

另一個案例是，典型的麥考伊對海特菲爾（McCoys- versus-Hatfields）的態度，造成員工之間的重大分歧。這次的分歧使該企畫案差一點流產。但引進提問法討論員工之間的分歧根源後，分歧就消失了。自從公司發現提問法的好處後，意見不同的四派人馬展現出最大誠意開始合作。

巴德洛克（Badaracco）在《默默領導》（*Leading Quietly*）指出，從困難的問題中找出有創意的答案，先決條件是限制約束。[20] 這需要你全力以赴找出究竟是怎麼回事、到底能怎麼做。提問法使領導者了解並專心實踐巴德洛克所謂「寧靜領導」的精髓。

增進對組織與政治現實的了解與技巧

提問型領導者會有較強的組織體認，採用提問法領導讓他們的政治敏感度更高，更能領導重要的網絡工作。提問法也幫助領導者解讀和了解關鍵性的權力關係。他們把事情攤開來討論，讓大家公開說出對問題的感想以及對可能發展方向的看法。提問型領導者深知該怎麼做，以取得控制組織命運更大的權力。

在《默默領導》一書中，巴德洛克表示：「許多經理人的腦袋裡根本聽不進很多解決困難政治問題的創意方法。」[21]最常見的情況是，這些問題的對策通常源自一個長期努力的過程，其中包括理解、勾勒、善用相互關聯且經常出人意料的情勢，而這個過程僅見

於提問型領導方式。

伊凡第‧若賈布說，提問型領導方式促使他的政治敏感度更為提高：「我不會期望從任何一個單一的問題中就得到正確答案。正確的答案常常取決於不同政治和文化層面的脈絡及情勢發展。」

領導者透過提問以改進他們探究不熟悉情勢的能力。狄沃施（Dilworth）指出，提問法可以讓一個有領導能力的人思考敏銳，然後讓我們「避免當明天的挑戰就要吞噬我們的時候，還在用昨天的老方法試著解決今天的新問題」。提問給領導者「擔負起找出如何發展自己的責任」的機會。[22]

學習與發展的意願更強

提問不僅證明可以幫助別人成長，也促使你在培養別人的能力時，同時培養自己的能力。提問型領導者透過提問法發展自身的情感智慧，他們由此改善自己的教授、指導和訓練的能力。

在協助其他人學習的提問過程中，領導者也成為一個認真的學習者。那些花時間學習而且顯出學習熱忱的領導者，這才更清楚地知道，在整個組織裡培養優秀的思考者和學習者有多麼重要。經由提問，員工會更知道領導者對他們的期待，然後更願意努力學習。經由提問，同儕會更知道如何設定具挑戰性的可達成目標，並且認識到不斷學習的重要性。

艾伯特實驗室的惠特說：「提問讓我學習，我喜歡學習，透過提問，我學到很多。提問型領導是很適合我的一種領導方式。我不覺得我需要知道每一件事，這也就是為什麼我會雇用這些有才幹的

人。我的工作是處理我熟悉範疇之外的挑戰，提問型領導幫助我減輕壓力，並把喜歡一起工作的人湊在一起。」

根據約翰·莫瑞斯（John Morris）的觀察，唯有透過不斷地提問，我們才能更清楚地看清自己的真面目，還有我們所用的這些方法有多了不起。我們也將能看清所面對的究竟是什麼，也就更能夠接受與回應變化。[23]

領導力更強

詹姆·柯林斯在他的暢銷書《從A到A⁺》中提到，他發現大企業的領導者往往非常謙虛、堅持不懈。[24]在他所描述的「第五級領導者」這一段裡，他說他所研究的成功企業領袖都認同這一點：領導者的頭銜並不意味著你擁有知曉一切的智慧。優秀的領導者因為了解自己並不知道所有的事而謙虛。他們知道單純只問幾個問題，並不能獲得足夠的資料，要得到所有資料，首先他們必須問每一個人問題。

根據巴德洛克的研究，提問型領導者變得更謙遜，這也是柯林斯描述的第五級領導者的特徵。[25]提問型領導者實事求是，不會誇大自己所做的努力。他們願意花時間用提問來探究每一個問題。他們也認同每一個人都有其功用，同時，若想要組織成功，每個人都應該為別人服務。

美國紅十字會中西部分會（Midwest Region of the American Red Cross）的執行長馬克·塞隆希爾（Mark Thornhill）說：「提問對我影響深遠。我現在知道，一個真正的領導者是站在跟隨者的後面，

跟隨者隨時可以找他幫忙與支持。我現在的領導方式更安靜了。讀柯林斯的《從A到A$^+$》時，我學到的是，優秀的領導者比其他人做得更好的原因，就在於他提問的對象包括內部及外部的客戶。」

這裡再重述辛登曼拉卡曾告訴我的一點：提問型文化協助員工「學習自我領導的技能」。換言之，提問有助發掘出各層面的領導者。就如辛登曼拉卡所說，透過提問，員工「會擔負起更多責任，動機和意願也會更強」。

前瞻

二〇〇六年，谷歌（Google）當時的執行長艾瑞克·施密特（Eric Schmidt）曾在《時代》（*Time*）雜誌的訪談中提到：「我們用提問的方式來經營整間公司，而非給予答案。」[26] 看過提問型文化的優點後，你應該如何開創一個這樣的文化呢？本章結尾列出的思考問題，談的正是這個主題。做準備前我先指出你該如何清除阻撓你提問的障礙。下一章列出各式各樣有用的問題，並告訴你為什麼不是所有的問題都有用。然後我探討了個人可以如何做出最有力的提問。最後討論如何透過提問型文化激勵每個人，然後擴散影響整個組織。

問題思考：

1. 提問型文化是什麼？

2. 提問型文化的益處是什麼？

3. 我要如何創造提問型文化？

4. 我要使用何種策略和行動，來打造一個歡迎提問、挑戰假設想法、探索新解決方案的文化？

5. 我要如何用提問法建立信任、熱忱和奉獻的精神？

6. 我要用什麼問題來激勵同事與下屬？

7. 我要如何使用提問法增強我和他人的自我意識與自信？

8. 什麼樣的提問法可以讓我展現開放及彈性的態度？

9. 我要如何透過提問法成為更好的溝通者及傾聽者？

10. 我該如何用提問法更有效率地處理衝突？

有效的提問

chapter*3*

提問難在哪裡？

　　還記得第一章提到的辛蒂‧史都華的故事嗎？這個在成衣廠工作的「地板女孩」，聽到工廠經理正在討論生產線的瓶頸問題。「他們為如何解決問題爭執不下，卻沒有一個方法行得通，我還很清楚記得當時我就想『希望他們會來問我該怎麼辦』。」不幸的是，多數人可以從那些經理身上看到自己也會犯的錯誤 —— 他們有問題，他們的方法行不通，但是他們沒有去問別人有沒有其他方法可以解決。

　　如果依照第二章所說，讓大家隨時用誠實的提問與對話去做開放性的調查非常有效、好處甚多，那麼也許有人會問：為什麼我們提問時會有那麼多困難呢？在與全世界各地的企業領袖討論這個問題時，我發現有幾個答案常常出現。提問時最常見的主要原因有四：

- 我們規避問題，是出於自我保護的本能。

- 我們往往操之過急。

- 因為缺少訓練和學習對象的經驗與機會，使我們提問或回答問題的技巧貧乏。

- 我們發現自己所處的文化和工作環境並不鼓勵提問，特別是那些對現存假設與政策有挑戰性的問題。

自我保護的渴望

　　身為領導者最困難的挑戰之一，就是讓自己接受在大多數情況下，你不知道做什麼才是對的，或最適合的。我們慣於擁有正確的解答，因此很難改變提供答案的習慣。我們希望保護自我定位和我們在別人眼中的形象，我們也會在感到不舒服 —— 像是害怕時 —— 保護自己。把自己暴露在問題下，我們就得承擔這些風險。一般人很少會這麼做。其實提問是我們生理反應很自然的一部分。你可以問每一個有三歲以下孩子的父母，他們的孩子是多麼愛問問題。不幸的是，我們的父母、老師和老闆要求我們停止提問。我們不僅被禁止提問，而且如果我們問了別人認為不恰當或是不對的問題，還會被嘲笑。所以漸漸地，我們變得不敢提問。我們開始認為，聰明人不需要問問題，因為他們早就知道答案了。我們不問問題，是為了保護自己不被別人當做笨蛋。

　　因此一旦成為領導者，我們很自然地覺得自己應該有答案而非有問題。正如史都華（她現在是一家很成功的非營利組織的總裁兼執行長）告訴我的：「畢竟，我們都被這個社會教導要知道所有答案。」提問或是無法回答問題似乎顯示我們還未準備好做領導者。我們害怕別人問我們問題，因為那讓我們覺得像是在接受調查或審訊一樣。從小到大，我們有太多答錯問題讓自己難堪的經驗，所以

長大之後，我們會很自然的避開類似的情境。山姆勒（Semler）相信，在知道該怎麼做、了解他們所經營的事業、界定他們的任務方面，很多經理人都高估了自己。[1]這是一種大膽的、軍國主義的，但也是對自我認識不清的心態。提問型領導者首先要做的是，有勇氣放棄控制，改用自由、開創和鼓舞的方式領導。

　　恐懼還會阻止我們用別的方式提問。有時候，我們害怕如果提問後得到的是一個我們不喜歡的答案，比如說把我們也歸為問題的一部分，或者暗示一個很好的企畫失敗了。當我們確實不知道答案而提問時，得到的答案可能讓我們改變想法，或迫使我們採取原本不想做的行動。拒絕接收潛在性不受歡迎的資訊，是很自然的人性反應。所以我們會避免提問，特別是當答案可能具有威脅性時。諾克斯維美國鋁業公司硬式包裝事業部的分銷處副總裁寇門就說：「那些不能提問的人，自尊心通常都有問題。」

　　當然，解毒劑就是勇氣。勇氣永遠是一種行動，而不僅是想法。勇氣不能靠想的，勇氣必須靠行動才能實踐。提問並非那麼容易，尤其是更難的後續問題，或是那些需要更深入、更密集的靈性探索的問題。一個領導者需要勇敢、有同情心，而且不會被回答問題的人的階級頭銜、專業或個性嚇住。

　　這裡所謂的勇氣包括願意去問可能威脅到 —— 甚至可能瓦解 —— 現有的認知或形態的問題。改變也需要「挑戰和轉移舊形態或認知，因為唯有這樣，才能讓新東西出現。」[2]勇氣很重要，因為當我們繼續尋找更好的答案時，有時必須願意放棄現有的想法或立場。有些答案確實比其他答案更正確、適當、有效和公正。想

努力地找出更好的答案，你需要真正的好奇心和勇氣。誠如布拉克所言，第一個到達未來世界的人將是很孤單的，[3]因為那需要負擔很大的責任。但如果領導者不願採用有勇氣的提問方式，那麼也就不會有未來了。

　　偶爾，我們必須挑戰在思考和溝通上的假設和信仰——包括我們自己的。提問型領導者必須能夠知道什麼是他們不曉得的，也必須能提出夠刺激、有啟發性的問題。我們不能在聆聽別人的說法時，自己腦袋裡卻一片空白。如果我們有自己的意見，我們會覺得有主導權。有時候在聽完別人的意見後，還需要極大的勇氣才能放棄存在我們心中已久的想法。要做一個批判性思考者，有時必須強迫自己試試看新的答案。而這些新舊答案的互動也提供我們學習成長的機會。更常見的情況是，在碰到一個問題時，也許我們已經有答案了。有時候我們必須問一些我們並不知道答案的問題。這種情況需要勇氣，因為一般人對領導者的期望，不是他們有疑問或承認他們不曉得答案。我們必須有意願和勇氣去練習「不知道」。領導者必須願意「不知道」或「不對」。如果你對一些答案可能有威脅的問題而遲疑不決，請想想看美國國防部國家安全小組主管蘇珊·米其林（Suzanne Milchling）說的話：「那些沒提出來的問題，反而會讓我惹上麻煩。」

　　不願意冒風險和害怕提問，使許多領導者陷入一個偷懶、自圓其說、忙著詮釋別人說法的惡性循環裡。一個想法透徹的辯解或一連串的解釋和論述，使領導者得以屏障他們理想的自我形象。不過，因為專注於堅持這個形象，領導者也看不到別人眼中的自己。

這種短視會阻礙領導者探詢別人的想法，把自己關在象牙塔裡，不斷在想，好主意付諸行動後會不會引導出好結果。[4]

　　畏懼往往使領導者把重心放在追隨者身上，如果不能達到目的，他們會覺得那是追隨者的問題。領導者若有不願冒風險的個性，這種傾向很少會自動消失，他們很少會自問或想一想「我可以如何用不同的方法做？」或者「在此情況下，我能貢獻什麼？」缺少資訊使這一類型的領導者做事時毫無頭緒，並且造成其他人的困擾，有時候他們甚至乾脆在領導者管不到的情況下，自行解決問題或是放棄這個問題而另尋目標。一個願意冒風險的領導者，就會問那些該問的問題。

我們往往操之過急

　　能成為組織裡的領導者有許多原因，但最主要的原因之一是，他們一直是問題解決者，而且他們能獲得結果。這就建立了一種行為模式，我們往往太專注於立刻得把問題解決，以便讓我們把這個問題從待辦事務清單上畫掉，然後做下一件事。杜邦公司的董事長兼執行長查德‧哈樂戴指出，缺少耐心正是有些執行者對提問感到困難的原因之一。「不斷地提問需要自我訓練，」他說，「直接發表意見確實容易些，尤其是當你很匆忙、想要趕緊把事情做完的時候。今天早上，我發現有一件兩星期前就該做好的事竟然沒做完。我的第一個直覺反應是告訴他們『去做好』。」但他接著說，他設法讓自己不這麼做，而改問發生了什麼事以及為什麼。他說：「我

反而得到更好的結果。」就如哈樂戴所言，領導者常見的情形，就是缺乏這種自我訓練。

在我們提問時，應該不只分享訊息，還要分享責任。領導者不應只是告訴別人要做什麼，而且要有勇氣問他們有哪些事應該做，然後很認真的幫他們解決困難。如此一來，不僅可以誘發出最好的想法，更可以獎勵他們做出最好的成績。如果想要有人在挑戰者號降落失敗時在身邊幫你，你得先邀請他們參與發射行動。

在處理事情時，最顯著也最關鍵的必要行動，莫過於釐清想法。我們常會急於行動，特別是在緊急狀況或是與個人扯上關係時。此時通常不會有人做自我反省。奧克登高中（Oakton High School）的校長查爾斯・奧思隆（Charles Ostlund）說：「就領導方面，我發現，在幫助別人釐清他們對某件事的想法和立場時，我必須非常努力地讓自己更深思熟慮，問他們許多問題，而不是直接給他們我的意見或答案。」就像許多領導者一般，他說，在詢問別人的意見和解答前，他也有一種「自然的傾向，想很快地提供一個答案，或是對某件事給一個簡扼的意見。」

問對問題並非易事，特別是在團隊已經深陷泥淖、無法脫困時。提出問題需要耗費更多時間，尤其是正在尋找新點子的時候，而我們大多數人都更習於快速陳述意見、提供答案。我們沒有經過訓練，也不願意花時間問問題。提問——特別是從不同角度切入的問題（fresh questions）——一點都不簡單。但正如瑞溫斯（Revans）說的，優秀的領導，重點就在「儘管困惑、不熟悉、要冒險，你有沒有能力在所有人束手無策時，還能提出尖銳有力的問

題。」[5]

　　神經領導力研究院（NeuroLeadership Institute）的院長大衛．洛克（David Rock）觀察到，領導者傾向於在很短的時間內追求快速的答案和創新的深刻見解。但不幸的是，深刻的見解不可能每次都很快產生。他的研究指出，忙亂的環境無法引發具有創意、跳脫傳統的靈感。大衛告訴我：

　　具備開放心態的腦袋就是寧靜的腦袋。要產生深刻的見解，須仰賴一群神經細胞之間的連結。深刻見解通常來自一段塵封已久的記憶，或是不同記憶的組合 —— 這些記憶通常並不完整，因為維繫它們的神經細胞並不多。換句話說，深刻見解是由較微弱、較不顯眼的連結所構成。由於我們體內有數百萬個神經細胞一天到晚在跟彼此溝通，我們只會注意到最大聲的訊號。因此，當你能往內心探尋，而不是專注在外頭的世界，或是當你覺得足夠安全，暫時不用擔心周遭發生的事，可以好好「省思」更深層的思緒時，才有可能產生深刻的見解。

　　當領導者在組織內的任務遇上非解決不可的阻礙時，大多數人做出的行動，幾乎都和大腦真正需要的完全相反。我們傾向於對自己施加壓力，或攝取更多咖啡因、蒐集更多資源 —— 更糟的是，我們甚至可能會開始找其他人集思廣益，結果卻是在腦中製造出更多雜音。此時，我們的腦袋變得無比吵雜，甚至聽不見自己思考的聲音。由於上司們不知道人類最有生產性的思考方式是什麼，無意

中便讓員工變得比較沒有效率，也發揮不了創意。大衛得出的結論是，如果要以團體的方式進行思考，那更好的方法是首先要以團體的方式來定義問題。接著，要求每個人花點時間去做一些有趣但重複性高的簡單事情，讓潛意識幫忙找出答案。大衛向我分享他和許多組織工作的經驗，他「教導那些主管何謂深刻見解，也提供了一些模式讓他們練習，結果那些主管與團隊一起解決複雜問題的能力提高了百分之百到百分之五百。」

　　領導者必須維持深度省思的能力，即便是在情勢不明的時候也一樣。這個能力就跟偉大的運動員可以一邊進行比賽，一邊綜觀全局的能力相去無幾──我們或許可以稱之為「在行動中思考」。海飛茲和林斯基（Heifetz and Linsky）指出，有遠見的領導者需要「站到陽台上」，才能看清楚下面各處正在發生的不同狀況。[6]暫時遠離那些緊張匆忙的混亂群眾是很重要的，這時，領導者才能在行動中暫停內心的腳步、仔細思索，問自己，這裡究竟發生了什麼事？

　　一個關切如何能真正改善而非只是想速戰速決的領導者，通常有一些特徵，他們會有嚴密的思考與提問能力，就是這些能力使他們的思考及問題更清晰、精密和準確。「總而言之，我學到的是，沒有所謂的正確答案，只有看法。」伊凡第・若賈布告訴我。若賈布是瑞士日內瓦世界童子軍運動組織的資深訓練與發展部主任，他說，提問的問題應該「從被問者的觀點了解所有問題，而不是針對正確答案。簡單地說，如果你不問，你就無從確知為何事情會這樣發生。」

提問時缺乏技巧

我們生來就擁有問問題的能力。嬰兒時期，當我們連話都不會說的時候，每當我們發出一個聲音、做出一個動作時，我們的潛意識會自然而然地不斷提出兩個問題：（1）我做得好嗎（相比起學習走路和說話）？（2）我要怎麼做得更好？

當我們能將想法化為言語時，我們喜歡對周圍的人提出各種問題（去問任何家裡有兩歲小孩的父母就知道了）。「這是什麼？為什麼？為什麼不行？在哪裡？」直到父母開始告訴孩子：「不要再問這麼多問題了！」我們從小就聽身邊的人不斷這麼警告我們，不管是老師、年紀較大的孩子，還是親戚。於是我們停止提問，一點一點失去人生中最重要的技能。

我現在是個祖父了，而我認為這個角色最重要的任務，就是逆轉我的孩子對我的孫子造成的傷害──也就是不讓他們問問題。每次我見到九個孫子的其中一位時，我都會對他們說：「我好愛問題！你可以問我任何問題。」而他們也真的問個不停：「你的鬍子為什麼是白的？為什麼雲不會掉下來？為什麼我們不行？」可想而知，他們很喜歡跟祖父一起分享提問的喜悅。

可惜的是，大多數人再也不知道該怎麼提問，最簡單的原因就是缺乏練習（從三歲時父母教我們不要再問這麼多問題開始）。不論在學校或職場的訓練課程，我們可能接受過上千個小時的課程，學習歷史、數學、電腦、多樣性和領導方式，卻從未學過任何有關提問的課程。提問，尤其是如何問好的問題，至今還沒有被列入任

何學校課程或企業的績效考核中。我們還未從自己提問的水準上獲得回饋。一般人也難得碰到一個愛追根究柢的老闆，可以教我們提問的技巧，告訴我們提問的魔力和好處。

康菲石油公司批發行銷總裁馬克‧哈普表示，他費了一番功夫才學到如何用提問法做為管理的工具：「一開始我很不習慣，挫折感很大，我不知道怎麼問好的問題，不是問太多誘導式的問題，就是只問那些我知道必須由我下決定的問題。」

正如同哈普說的，就算我們真的提出問題了，卻發現提問的過程很令人挫折、不悅。更常見的是，每當我們提問的時候，總是會激起別人的防衛心。我們會問我們覺得很簡單的問題，像是：「為什麼會發生這種事？」但別人的反應就好像我們在指控他們怠忽職守似的。或者是，我們就老闆做的決定問了一個很單純的問題，他卻大發脾氣，好像我們直接在挑戰他一般。換言之，即使我們提問，但是因為我們問得不夠技巧，所以不能引出坦誠而友善的回答。在缺乏提問的技巧時，我們問的問題經常很狹隘、不正確或太簡單。缺乏效率的問題，會導致大費周章、無法完成目標，以及嚴重的錯誤。古登伯格指出，領導者的問題應該被解讀為「一項邀請、一個要求，或是一枚飛彈」[7]，端看他是怎麼問的。正因提問力量之大，而且可能會引發很大的刺激與挑戰，所以我們使用的技巧必須磨練得足夠純熟。[8]

問好問題需要兩種很重要的技巧。首先，你必須知道要問哪些問題，因為並非所有的問題都一樣。其次，你必須知道如何問那些問題。第四章及第五章就如何有效地問該問的問題，提供了明確的

指導方針。

企業文化的阻撓

　　環境或文化決定了我們大部分的個人行為，舉例來說，我在教堂裡的行為舉止就和我在足球比賽時大不相同 —— 同一個人在不同的背景會有截然不同的行為舉止。同理，我在扮演父親角色時的舉動也會不同於我和大學室友在一起時 —— 同一個人扮演著不同的角色。因此，有些人會覺得，問自己孩子問題比問老闆問題容易得多。

　　在一些企業文化和一些老闆眼中，問太多問題可能是犯忌諱而危險的，特別是那些可能會壞事或讓某人沒面子的問題。

　　因此，我們變得不敢質疑權威。楊克洛維奇（Yankelovich）與許多文化人類學者都曾說過的，除了企業文化和在這些文化中被期待的角色之外，美國人生活在一個全國皆然的「急於行動」[9]文化中。在面對任何問題時，美國人會說：「我們該怎麼做？」雖然我們很仰慕如愛因斯坦（Einstein）這種老是在普林斯頓大學（Princeton University）辦公室裡凝視窗外冥思的人，但是我們仍然視思考和沉思為浪費時間。

　　許多企業文化都很厭惡聽到任何不好的消息。席尼・芬克斯坦在他的《從輝煌到湮滅》一書中說：「對管理者而言，毫無懷疑地接受好消息和只有在明顯問題發生時再做調查，當然是最容易的。安隆能源、世界通訊，以及一大串網路公司的董事會都禁止外界質

疑他們的決策，他們甚至不准投資人細查他們究竟在幹什麼，只因為公司股價一路飆漲。」[10]當董事會拒絕提問時，無形中就在組織內傳達一項訊息──大家最好閉上嘴巴，低頭幹活。

新點子通常在組織內遭封殺，是因為它們可能與現存的精神模式或處事方法起衝突。提問型領導者的工作，就是要勇敢面對這些假設，而不要激起對方的自衛或憤怒。他們必須能夠讓這種精神模式與同事間的基本假設顯現出來，並加以檢測。提出挑戰性的問題需要冒險，偶爾還會起衝突及引起不安，主要是因為揭開隱藏在問題底下的真正爭議，可能會完全打破原來已根深柢固的規矩準則。提問型領導者具備自信，願意挑戰信念與已存在的種種假設。

曾連任兩次的佛羅里達州坦帕市（Tampa）前市長潘姆‧約里奧（Pam Iorio）是個會提問的政治領袖，也是他人眼中的提問者典範。身為一個管理超過三十萬人的城市領導者，她建立起善於處理危機和將敵手聯合起來的名聲。潘姆卸任時獲得了優異的滿意度：百分之八十七。潘姆告訴我提問是如何幫助她成功扮演這個挑戰性十足的角色：

剛就任市長時，我對於這個職位帶來的機會太過興奮，結果不小心太多話了。在會議中，我會把所有的想法和點子一股腦兒說出來，結果其他人根本沒機會表達。有一天，我問幕僚長，問題到底出在哪裡，他回答：「妳位高權重，因此妳說話的時候，其他人就不會表達自己的意見。」我這才開始明白，領導的真諦在於傾聽。對我來說那是一個過程，有時候我還是會不小心說得太多。但到了現在，當在場

的人都有不同的觀點時，我會先問自己：「對方認為最重要的事情是什麼？」

　　潘姆指出，當她凝神傾聽的時候，她能「了解另一方心目中重要的事是什麼」。這讓她能夠知道該怎麼提問，也能更加意識到哪些部分可以協商、哪些部分不行，而且能讓所有人在會議結束時，都至少對某些開會內容感到滿意。

　　領導者還要不斷地搜尋「尚待開發的機會」，也就是那些落在現有市場區隔之間、具有成長潛力的新領域，它們通常不會自動的融入現存企業單位中。他們要尋求「重要的目標」，意即一個很明確的企業目標或是可以代表企業延伸的使命。比方說，威名百貨公司（Wal-Mart）就鼓勵每一個員工去找出看起來不對勁的事，也鼓勵大家提問。他們稱之為「ETDT：消滅蠢事」（eliminate the dumb things）。

　　海飛茲和林斯基指出，一般人都希望領導者提供他們正確答案，而非丟給他們擾人的問題和困難的選擇。[11]這也正是為何練習領導的初步挑戰和風險必須超越你的職權 —— 把你的信譽和職位暴露在危險中，這樣你才能把問題攔截到手。若是不願挑戰別人對你的期望，你就無法跳脫社會系統及其固有限制的掌控。

　　第六章就在解說，如何於團隊和組織內建立一個提問型文化。

拿問題正視我們的不安

　　害怕、時間壓力、缺乏技巧以及不鼓勵提問的企業文化，所有
這些因素的結合，使得許多領導者很少提問，而且通常是在絕望的
情況下被迫提問。但是本書受訪的企業領袖都表示，情況可以不必
如此。

　　以星座能源企業集團副總裁法蘭克‧安卓契為例，他曾經告
訴我：

　　從面談、會議、電話到書面文件，我開始在全公司各層面使用提
問型領導。就個人而言，我發現自從開始提問後，或者更正確的說，
當我開始注意聽別人說話、思索用哪些問題以獲得更多資訊後，我學
到更多、知道更多，也增進了我的理解。同時，身為一個管理者，我
發現在開會或會談時，我的干預明顯地減少。換了思維方式去思考問
題，實在不可思議，讓我的領導方式大大的提升到另一個境界。

　　科萊特集團的副總裁傑夫‧克如爾的領導方式，也已從告知法
轉換為提問法：

　　在完成一個三百六十度全方位領導評鑑課程後，我發現我在用告
知法而非教導法領導──或者說是給答案而非提問……這次的領悟
讓我開始修正我的管理方式。現在，我不再提供問題的答案，我會問
員工，如何可以在他們的工作領域內把事情做得更好，或是如何用不

同的方法完成。員工一開始會持疑，但是最後都接受了這樣的方式。

科萊特集團變成一間大教室，在這裡，我是一個促使團隊前進的推手，而不是坐在角落、告訴你所有答案的那個傢伙。

我在團隊成長中發揮了很大的影響力，他們的信心大增，因為他們知道，問題的答案就在他們的腦袋裡，我的工作就是幫他們把答案挖出來罷了！

許多管理者都告訴我，提問這個簡單的動作帶給他們影響深遠的轉變。比方說，我曾在第二章引用過諾華集團組織發展執行主管羅伯‧霍夫曼所說的話，這裡還值得再引述一次：

> 提問幫我對組織和政治現實有更進一步的了解，也讓我明白組織背景與發展方向的重要性。我也更願意冒風險以創造機會。我更能設身處地為員工、客戶和其他人著想，更願意幫助別人。我也更懂得如何激勵別人。

另一位採用提問型領導受益良多的企業家，是國際領導與團隊發展顧問公司卡拉維拉（Caravela）的總裁湯姆‧賴夫林（Tom Laughlin）：

> 提問法徹底改變了我的領導方式，我不再需要準備好所有的答案。這也改變了我的思考方式，過去我總是嘗試在表象上找解決辦法，現在我可以進入真正問題的核心。因為現在我更知道如何找出問

題，所以也更曉得如何解決問題。

提問使我變成一個更好的教練和老師。提問讓我去檢視我所處的情境與我該怎麼做，讓我表達我的情緒、直覺與理解。其他人對我的看法變得更好，他們覺得更受鼓舞。

在學習提問時，我們不僅體驗到個人成長，還幫助團隊提升。蘇珊‧米其林說：「我用提問法讓大家都參與其事，這樣一來，所有人才會齊心一志。提問讓我們達成共識，並使我們一起思考過程中的所有步驟……藉著問你自己和別人問題，你就可以對問題有全面性的了解。」

莫瑞斯認為，唯有「透過不斷地提問，我們才能看得更清楚自己到底是誰，才會明白我們所用的這個方法有多棒。我們也會看得更清楚自己面對的到底是什麼，也更能夠接受與應對改變。」[12]辛蒂‧史都華的領導經驗也印證這個說法：

當我在一九九九年成為中賓州家庭保健委員會公司的執行長時，我需要把原來工作導向的階層集團式組織文化，轉變為一個機動的、激勵性的團隊環境。經由提問型領導，我以身作則，展現出我願意學習、服務，而這樣的謙遜態度啟發其他人，引起傚尤。現在我的員工已經知道我是一個可提供諮詢的領導者，這對我們的成功非常重要，因為他們明白顧客的需求、願意在工作時尋找關鍵資訊，還會不斷做後續的品管改善。過去四年來，我們增加了350萬美元的預算……設立了一個新的直屬服務中心，有五個全新企畫案已獲得資金補助。如

果沒有讓員工獲得激勵、用提問去激發他們的創造力，這一切都不會發生。

　　杜邦執行長哈樂戴的一席話也許最適合做為本章的結語：「在重要議題上，我相信我們必須提問。」

　　本章說明造成提問困難的可能因素有哪些，並指出這些因素都可以克服。諸多領導者的證詞都支持這點：這是辦得到的。當我們不畏懼提問時，提問可以變成一種有效的管理和領導工具，我們會知道要問什麼問題，也更知道如何引出完整的答案，更注意傾聽回應。下一章就會詳加討論這些主題。

問題思考：

1. 讓我不敢提問的恐懼是什麼？

2. 我要怎麼挪出提問所需的時間？

3. 我要如何開發、增進我的提問技巧？

4. 我要怎麼建立提問所需的勇氣和信心？

5. 我願意提出那些我不知道答案的問題嗎？

6. 我害怕得到我不喜歡的答案嗎？

7. 我該如何讓自己更能接受我是個不知道所有答案的領導者？

8. 我該如何改變不鼓勵提問的企業文化？

9. 我該如何在組織中建立提問和省思的典範？

10. 我有什麼方法幫助其他人克服提問的恐懼？

chapter*4*

問對的問題

對領導者來說，能否全然認識並了解語言文字的力量是非常重要的。我們所選擇使用的字句是概念性象徵，是對我們的態度、行為、結構和觀念的界定。庫茲和波思納說：「我們的遣詞用字將我們希望創造的形象呈現出來，也呈現出我們期待別人的反應。」[1]領導者所問的問題足以代表這個組織的重心何在，更可以明確顯示出這個領導者最關切什麼事。我們問的問題是測量我們有多重視自己所擁護的信仰的重要方法。

領導者提問的關鍵要看前後脈絡：我期望我的提問能達成什麼目的？從我們的提問就可以看出哪些價值觀需要被關注，以及需要花多少精力去達成這些價值觀的要求。因此，我們應該想一想，如果我們希望別人的回答是誠實可信的，那我們應該問什麼問題。其他的問題則會顯示出我們對顧客或客戶滿意度、品質、改革創新、成長，或是個人責任感等等的重視程度。

提問對集中注意力非常有效。當領導者提問時，他們藉由思考旅程派出探索隊 —— 去尋找答案。這些旅程可能是正面的、有成效的，可以激發解決問題的創意、提供新的願景和見解。不幸的是，我們問的問題也可能把大家送上一段負面的、無效的、激起防

衛心和自我懷疑的黑暗之旅。

激勵式問題與打擊式問題

　　第三章曾指出，提問會引起麻煩的原因之一是，我們問的問題不對，也就是說，問題本身讓被問的人大受挫折。這種打擊式的問題常常把提問重點放在為什麼他們沒有或是不能完成任務。這類的問題因為立刻將責任怪罪在他人身上，所以會導致自我防衛或反作用效應（領導者有時這麼做，就是在規避責任）。爛問題不但讓人耗費心力，還會產生負作用力而非創造力。以下是幾個常見的這類型問題：

- 你的進度為何落後？
- 這個企畫案有何問題？
- 是誰跟不上進度？
- 你就只知道這些嗎？

　　我們怎麼做，就會造成怎麼樣的結果。領導者的問題若是令人感到挫折，不啻關閉通往成功之門。這類的問題讓人不敢找機會澄清他們不明白之處或無法搞清楚如何達成目標。「出了什麼錯？」這種問題會打擊自尊，讓人更深陷困境。此外，一旦自我防衛心被激起，他們往往更認定自己也是問題的一部分，而不認為自己有可能解決這個問題。

　　反之，激勵式提問會讓人思考、促使他們自己找出答案，由此而產生責任感及對結果的歸屬感。這類的問題幫助他們了解自己對整體所做出的貢獻。激勵式提問法能建立正面的態度和自我認同，透過鼓勵探索、創新與發明，也能為人們去除障礙，開創無限的可能性。

　　激勵式提問有助團隊成員齊心一志，促使個人做出最佳表現，從而幫助整體表現達於極致。這類型的問題會創造一個高能量、高信任度的工作環境，讓人知道並明確地表達他們的需求。這樣的問題鼓勵大家冒險、培養深厚的人際關係、不再排拒變動。激勵式問題能增強人們的能量，因為這些問題的重點是放在已經順利進行的工作環節、哪些事情能更鼓舞人心或提供支持，以及該如何辨識及達成共同目標。激勵式問題也聚焦在有益的部分，而這些問題引發的回應也能支持團隊往目標繼續邁進。

　　惠普公司（Hewlett-Packard，HP）人力資源經理琴・哈洛朗（Jean Halloran）曾說，要激勵他人，領導者必須抗拒給人建議的衝動。當別人求救於你時，領導者應該用提問的方式使他們找出自己的答案。

　　所以瑪瑞麗・古登伯格建議，領導者不要問諸如「你的進度為何落後？」或「這件企畫案出了什麼問題？」這類打擊士氣的問題，而應該問下面這些問題：

- 到目前為止，你對這件案子的感覺如何？
- 就目前你所完成的部分，你最滿意哪裡？

- 如果按照你的意思去完成這件事，你會怎麼做？
- 這些目標中，你認為哪些部分很容易完成？哪些最困難？
- 如果你能完成所有這些目標，我們的客戶受益最大的地方在哪裡？公司、小組和你自己又有何獲益？
- 完成目標的最關鍵事項有哪些？若要保證成功，你需要哪些支持？[2]

好問題的要素

　　一流的問題可以得到一些很棒的結果。那麼，究竟是哪些要素組成一個讓領導者提問的好問題呢？當然，這沒有單一的答案，但只要經驗過，大多數人都會同意好問題有以下優點：

- 讓人專注並竭盡心力。
- 創造深度的自省力。
- 挑戰那些被視為理所當然的假設；阻礙人們用更新更有力的方式做事的，往往就是這些假設。
- 激發勇氣和力量。
- 引導突破性思考。
- 掌控打開通往解決途徑之門的鑰匙。
- 讓人對情況看得更清楚。
- 讓人敞開心胸，思考得更透徹。
- 考驗假設，讓大家思索為何他們會這麼做，還有為何他們會

選擇採取行動。

● 激發正面及強有力的行動。

瑞溫斯指出，好問題是在「一無所知、有風險、混亂或是沒人
知道下一步該怎麼做的情況下」提出的清新有力的問題。[3]好問題
是無私的，不在彰顯提問者有多聰明，或是打聽消息，亦非僅為得
到一個有趣的回應。大體而言，好問題是表達支持、見解深刻、有
挑戰性的。它們通常不驕傲，並且願意分享。

提出好問題時，會激發很多人的自省與學習。善問的領導者會
善用任何非正式的會談場合，因為這時候沒有草稿、議題或設定待
討論的行動綱領。他們會用激勵人心的問題開場，例如：「你在想
什麼？」「你能告訴我那是什麼嗎？」「你能幫我搞清楚嗎？」「我
們應該擔心什麼？」

康菲石油批發行銷總裁馬克‧哈普曾和我分享他最喜愛的幾個
問題：

● 可行的替代方案是什麼？

● 在這個建議中，你看見什麼優缺點？

● 你能否更明確地說出你的考量？

● 你的目標是什麼？

● 你會如何說明目前的現況？

● 若要改進，可以有哪些選擇？

● 你想你何時能付諸行動？

佛羅里達州坦帕市前市長潘姆・約里奧告訴我，她認為有兩個絕佳的問題，協助她勝任這個艱難又挑戰性十足的職位：

當我以市長的身分成長時，我視自己為應當與他人建立關係的角色，並朝此發展。我挑戰編制內的工作夥伴，問他們：「我做了些什麼，讓周圍的人成了更好、更有力的領導者？」這個問題讓你的團隊處於領導的位置，幫助他們了解到，他們的時間不該只是花在自己身上，而是要幫助別人成長。當人們認為自己是支持、培養他人的角色時，他們就表現得更好，也能擔起領導者的職責。他們下工夫協助周圍的人成長時，整個團隊就會更加茁壯。

她常問的第二個好問題是：「你這輩子曾原諒過任何人嗎？」

大家通常都會納悶，原諒跟領導有什麼關係？這個嘛，原諒其實跟你的領導有效性有很大的關係。如果你心懷怨恨，因為過去的冒犯、爭吵或誤會而不好好跟整個團隊工作，你的領導有效性就會降低。如果你原諒他人，你所有的人際關係也會變好，也能好好跟團隊共事，還可以最佳化你的領導有效性。我用前南非總統曼德拉的故事來舉例，儘管當了二十七年的階下囚，他還是原諒了那些拘捕者。他說：「原諒他人，能讓靈魂自由。」實際上也確實如此。我總是不斷提出跟原諒有關的問題，因為這能讓人們思考，原諒他人如何讓自己得到解脫、減輕重擔，並協助自己建立更茁壯的人際關係。

　　問題問得越好，就越能看得更透徹，也越能獲得更好的解決方法。就不同的交談對象量身打造不同的問題。美國國防部國家安全小組主管蘇珊·米其林，就她如何選擇問題提問做了以下的說明：

　　對我來說，最有價值的問題，可以讓人反思別人眼中的自己。當我問一些員工「你會怎麼執行這個企畫案？」時，我會得到一個直接的答案。我稱這種問題為指向問題，我可以指導他們做事，而他們也用直接、不拐彎抹角的態度回答我。

　　對其他一些想法摸不著邊際的人，我需要改用迂迴法提問。所以我會問他們：「如果我們先問吉姆的看法是否比較好？他能不能幫你解決一些困難呢？」我慢慢地幫他們先過濾他們的思考模式，把自己的想法說出來，再提問一些他們從未想過的問題。想法摸不著邊際的人……需要我們告訴他們事情的細節，他們的想法是塊狀思考的。我要讓他們了解，有時候他們需要說服的人可能是細節思考者——這類人是用細節做線性思考的。

　　敬業（WorkMatters）公司的總裁蓋兒·蘭茨（Gayle Lantz）列出以下幾個領導者可以問的好問題：

- 什麼是最重要的？
- 可以轉化為機會的問題是什麼？
- 員工需要我對他們說什麼？
- 我們的顧客最煩惱的事情是什麼？

- 我要追尋何種新的商務關係？
- 我要如何更具有策略性？
- 我要如何做出迅速但聰明的決定？
- 有什麼領導技巧是我可以（而且我應該）增進的？
- 我要用什麼方式表揚成功？
- 我最大的恐懼是什麼？我該如何面對？

　提好問題最棒、最快速有效的方法，往往就是緊接在前一個問題提出來之後，或是跟在前一個問題的答覆之後提出來。仔細傾聽，然後提出一個開放性、有創意的問題，是一種藝術，也很科學，這個方式可以很快、很有效率地促使對方採取更有遠見、更有效的行動。

有效率的問題類型

　　有效率的問題是指那些可以完成目的，同時也在提問者與被問者之間建立起正面關係的問題。當然，領導者可以根據不同目的提出不同的問題，端視領導者要加強哪個人或是哪個團體的能力，使他或他們得以更了解並重新檢視問題；或者領導者想建立一般性的目標、找出具潛力的策略，還是要採取有效率的行動。領導者提出的問題，不但要讓大家對事情做更深入透徹的了解、獲得可能的解決方法，還應該讓這些共同解決問題的人建立起更好的工作關係。廣泛而言，問題可分為兩種類型：開放性問題與封閉性問題。封閉

性問題要尋求的是簡潔、明確的答案，例如是或不是；相反地，開放性問題給對方一個很大的自由空間決定該如何回應問題。下面有幾個例子。這兩個問題的主旨相同，但是你所得到的答案可能截然不同。

- 銷售情況如何？
- 你達到你的銷售目標了嗎？

開放性問題

　　開放性問題可以讓人延伸他們的想法，並且允許他們思索什麼是對他們重要的，或讓他們充分表達想表達的看法。開放性問題也促使大家自省及主動解決問題，而不僅是為了保住飯碗或證明自己是對的。伊凡第・若賈布曾經告訴我：「我發現開放性問題最大的好處是，它可以讓對方不受限制、完全放開地回應。」

　　同時，開放性、沒有偏見的問題也顯示你尊重其他人的意見。開放性問題會讓對方用他們自己的話「說他們的故事」。這類問題有助建立和諧關係、蒐集訊息、增進彼此了解。儘管問法正確，所引出的答案仍可能並不明確，所以當你提出一個開放性問題時，必須對可能聽到的答案做好心理準備，因為你可能需要花點工夫才能聽懂，或者需要再問更多問題才會明白。

　　開放性問題的開頭應該是如「為什麼」、「如何」或「你的看法如何」等語詞。開放性問題有助於一般人做嚴密、分析性的思考。一個好的開放性問題最後會引起商議與辯論。開放性問題常用

的問話方式包括：

- 你對……的看法如何？
- 你可以就……多說一些你的意見嗎？
- 有沒有可能……？如果你……會如何？
- 如果放棄你在討論時提出的論點，你覺得你會失去什麼？
- 你已經試過哪些方法了？
- 你下一步要怎麼做？

　　問題的範圍或大或小，有時候你可能需要把概略性的問題拆成一些小範圍的問題，來引導對方作答。舉例來說，「你覺得我們公司的策略性計畫如何？」就是一個概略性問題，一般人可能會想半天才能開始作答。這時，你可以從策略性計畫裡面找出較具體的角度，換個方式問：「你能不能指出公司所面臨的主要威脅和我們的機會有哪些？」

「為什麼」式問題

　　為什麼式問題可能是領導者該問的開放性問題中最重要的一種，因為這類問題將大家提升到因果、目標與結論的更深層面。有時無法單從事情表面獲得解答，就必須用這類型的問題去挖掘答案。儘管對領導者以及被問的人來說，這種**為什麼**式問題有時會令雙方都感到不安，但是為了找出造成現況的原因，同時讓被問者學到更多東西，它們還是不可或缺的。

　　科萊特集團的副總裁傑夫‧克如爾，對**為什麼**式問題的重要性做了以下的說明：

　　這些討論的結果幾乎每次都會有新的選擇，而且都不是每個人進會議室前想過的。當幕僚知道我不會直接給「答案」後，他們毫無選擇就只能自己想。在沒有很明確的對與錯的答案時，提問法就非常有效，這時提出的問題會讓大家開始討論。

　　舉個例，「我注意到過去幾天內，你們部門的產量顯著大增，你們是做了什麼嗎？」如果他們的回答不完整，我就再問一遍。我會一直不斷地問，直到他們把所有可能的理由全說出來，讓我滿意為止。然後我們會坐下來，一起就那個「產量問題」討論解決方案。

　　記住，**為什麼**式問題其實非常自然 —— 從小到大，我們就一直不斷在問這種問題。然而，我們漸漸不再敢問這種問題，是因為它們對我們自己或別人的權威或專家意見造成質疑。在問**為什麼**式問題時，領導者應該注意聲調。這種問題應該表現出好奇感和求知欲，而非憤怒或是挫折感。

　　為什麼式問題非常重要，而且常常是**很好的問題**，因為它們督促我們省思，用新的、無法預期的方式看事情。類似「你為什麼會那麼想？」和「為什麼這樣做會成功？」的問題，可以幫助團體成員用新的、獨創性的方式檢視舊議題。可以引出豐富答案的問題還有下面這些例子：

- 有沒有其他方法可以完成那件事？
- 我們可以想出別的選擇嗎？
- 有什麼辦法是我們還沒用過的？
- 如果我們那麼做，可以預期會發生什麼事？
- 如果你什麼都不做，會發生什麼事？
- 你有別的選擇嗎？
- 是什麼阻撓我們？
- 如果……會如何？
- 我們有沒有想過……？

　　豐田汽車公司（Toyota）教育公司員工每天要連續想五次**為什麼**。這是運用因果關係的思考方式。如果員工思考**為什麼**，而且找到原因，他們會再度問自己**為什麼**，然後連續問五次。問完五次為什麼之後，他們就能仔細地分析原因。這種「問五次為什麼」的方法，對解決問題非常有效。

　　杜邦的董事長查德‧哈樂戴對豐田的做法甚表贊同。他告訴我：「我相信，只要問三次**為什麼**，就足以讓一個人知道為什麼。**為什麼**式問題最有力。對第一次的為什麼式問題，大部分的人的答覆都很膚淺。舉例來說，保障自己的安全很重要，大家都知道盡可能不要受傷害。有人的手指被機器切掉了。為什麼？──因為那個員工把手指伸到機器裡。為什麼？──因為機器不動。為什麼？──因為沒有定期維修。」

其他類型的開放性問題

其他類型的開放性問題有各式各樣的用法。以下是幾個類型：

- **探索式問題**打開新道路和新視野而引導出新發現：你有沒有探究過或想過……？這種資料對……有沒有幫助？

- **動之以情式問題**邀對方分享對某個議題的感受：你對離職的感受如何？

- **省思式問題**鼓勵對方做進一步探索與說明：你說過你和經理處得不好，你覺得是什麼原因造成的？

- **調查式問題**促使個人或團體對某個議題做深入探討，徹底檢視或更進一步質詢。如此不僅可獲得更多的資料，還能讓人更開放及延展他們的想法。諸如描述、解釋、澄清、詳盡說明或闡釋等等字眼，都可更深更廣地進入一個話題。比方說：你可否就為什麼會發生這樣的事做更詳盡的說明？

- **從不同角度切入的問題**挑戰最基本的假設：為什麼非那麼做不可？你總是做什麼……？有誰試過做……嗎？

- **關聯式問題**建立一個系統化的觀點：這些行動會有怎麼樣的後果？

- **解析式問題**同時檢視原因和徵兆：這種事為什麼會發生？

- **澄清式問題**有助我們避開模稜兩可的情況，但有時候這種問題不容易問。當聽到一個問題時，我們會想自己應該知道對方是什麼意思，所以如果我們不知道他在問什麼，問題一定出在我們身上。這時可以問：你剛才說的到底是指什麼？

你究竟要如何完成那件事？你可否把這個狀況說得更清楚一
點？

一般人會覺得調查式問題帶攻擊性，但是其實大可以不必這
樣。「我用調查式問題是因為我的屬下求好心切，而我也希望他們
更好。」米其林告訴我：「目的是要讓他們自己學習。」我問她調
查式問題可以怎麼讓人更好，她回答：「往往是那些不被預期且沒
被提出的問題，會讓我們的人陷入麻煩。」

使用開放性問題

開放性問題可以帶出內容性或程序性問題，而這兩者扮演著不
同的角色。史匹瑟和伊凡斯（Spitzer and Evans）將兩者做了以下的
區分：內容性問題是在問解決問題或做決定時所需要的資料，程序
性問題的重點，則在找出問題是**如何**解決或決策是**如何**制訂的。兩
者對確實解決問題和制訂決策都非常重要。

大多數領導者喜歡問內容性問題，因為這類問題問起來很自
然。反之，程序性問題需要花心思思考該怎麼問。如果一開始就用
適當的程序性問題，可以使對方用心想，從而幫助他們把自己的想
法有系統地說明白、講清楚。相較之下，用內容性問題開始提問的
缺點是引導對方作答，所得到的答案範圍也會受到限制。因此，比
較理想的方法是先問程序性問題，再接著問內容性問題。

有些領導者不習慣使用開放性問題，因為顯然他們得讓對方暢
所欲言。換句話說，開放性問題給回答者相當大的操控尺度。因

此，喜歡掌控大權的領導者多半傾向用封閉性問題，只要先引出簡
扼的答案，再讓提問者決定接下來要說什麼或問什麼。使用封閉性
問題會養成習慣。然而一旦我們學習使用開放性問題，組織內的人
會因為透過回答問題去思考、把心裡真正想說的話表達出來而受
益。從他們的回答中，我們會更了解他們的想法，進而從**他們的**角
度感同身受。

　　盡量用開放性問題吧！以**為什麼、如何**開頭的開放性問題讓人
去想、去說。你也許會對自己打開了多少話匣子而大感訝異。你也
會學到很多，甚至你什麼也沒說，僅僅是傾聽而已，他們也會覺得
自己說的話受到重視而心滿意足地離開。

封閉性問題

　　封閉性問題要找的是一個明確的答案，是或不是，或要被問者
從幾個選項中選出一個答案。封閉性問題通常用**什麼、何時**或**多少**
開頭，或者是問對方同意或不同意某個觀點。下面是幾個封閉性問
題的例句：

- 多少人會受到影響？
- 你同意這個決定嗎？
- 我們應該何時開會？
- 現在幾點？
- 你會選A計畫還是B計畫？

如前所述，開放性問題旨在探索可能性、感受與原因。相反的，封閉性問題重點在找出事實：什麼事、什麼時候、在哪裡。因為尋求的是明確的答案，所以封閉性問題也傾向快速而簡單的回答。

封閉性問題在對話的開始和結束時都很有用。以一個簡單的封閉性問題開始交談，會讓對方覺得很容易作答，也不必迫使他們透露太多關於自己的資料。比方說，你可以在交談開始時問對方：「你現在方便說話嗎？」在對話結束時，封閉性問題能幫你澄清或是更了解你們討論的結果，而就某個決定或行動做出結論。推銷員在快完成一筆交易時就常用封閉性問題做結論：「如果明天我能把這個產品送來，你現在會簽字嗎？」

假如你不確定別人會說什麼，直接用一個封閉性問題就可以很快幫你釐清。前面討論過，開放性問題也可以用來釐清情形，但是封閉性問題往往更直接：「聽起來，你說的意思好像是我們需要趕緊去做這個，對不對？」或者「你要我把你調離這個企畫案嗎？」類似的問題有助把因開放性問題引起的冗長討論拉回主題，把含糊不清或模稜兩可的情況搞清楚，讓大家繼續下一個議題。

當然，所有這些問題都有更多後續的追蹤問題。後續追蹤問題通常更有力，因為它能使你對情況更了解，也證明你注意在聽，更可以幫助你學到兩三倍的東西。

無益的問題

除了打擊式問題外，另外還有兩種類型的問題對領導者毫無幫

助。一種是**導引式問題**，這類問題會強迫或鼓勵個人、團體依照提問者的意思做回應（你想自己做，對不對？）另一種是**併聯式問題**，將一連串的問題放在一起問，以符合提問者的需求，卻使回答問題的人大感困惑。

導引式問題一則已經把答案放在問題裡（你難道不同意這裡的麻煩就是約翰嗎？）用一堆包裝暗示提問者想要聽的答案（你覺得約翰怎麼樣？我不認為他是個可以共事的人）；要不然就是用技巧誘使別人說出自己所期待的答案（小組裡的每個人都認為約翰很麻煩，你覺得呢？）

導引式問題的缺點在於它們並非真的要尋求資訊，而是明目張膽地意圖左右他人想法、說服或強迫別人同意。它們其實根本不是問題。當提問者與被問者之間有權力差異存在時，導引式問題的效果可能會讓雙方更疏遠或感到挫折。就算兩者之間不涉及權力差異，導引式問題依舊可能破壞彼此的關係。

併聯式問題，特別是當它們都是封閉性問題時，會讓當事者有受審的感覺。回答問題的人很自然地 —— 通常這種直覺很準確 —— 覺得提問者有自己的盤算，而這個盤算與其他人的福利或意見毫不相干。

找出好問題

愛因斯坦可能是史上最偉大的提問者之一，也是一位偉大的科學家。他曾指出：「最重要的事情，就是不要停止提問。好奇心

有其存在的理由。」[4]愛因斯坦清楚點出了提問的重要性。他曾說過，如果他有一個小時的時間來解決難題，他會花五十九分鐘先想出一個很棒的問題。他對質量、速度和能量之間的關係所提出的疑問，讓他想出了E=mc2這個方程式，而這個提問肯定是歷史上最偉大的問題之一。

愛因斯坦不只是個物理學家，也是極具才華的小提琴家，而他十分享受指導孩童拉小提琴。有一次，一名同為教授的同事問他，為什麼要「浪費」這麼多時間教小朋友拉琴，他明明就可以善用教琴的時間在實驗室工作。愛因斯坦回答：「那不是浪費時間。我喜歡教孩子拉琴，是因為他們會問非常棒的問題！」愛因斯坦也常說，他之所以能提出從不同角度切入的問題，是因為他仍然能像孩子一樣提問。

我們都需要找到方法提出好問題，記得，好問題永遠都找不完。彼得·聖吉（Peter Senge）就去哪裡找到好問題做了以下的建議：

- **評估大環境**：感受一下大環境的脈動，仔細檢視眼前的企業現況，注意觀察好與壞的徵兆。
- **發掘關鍵問題**：努力找出問題的脈絡，把所有問題集中，並且想一想問題與問題之間的關係。要特別注意那些突然冒出來的問題，這樣才能找到隱藏在原來問題底下更深層的含義。
- **把可能發生的事情具體化**：想像一下如果大問題解決了，會是什麼情景？用鮮明的圖像把可能發生的事情具體描繪出來。

● **逐步訂出可行的策略**：在提出令人信服的問題並經由這些問題把可能發生的事情具體描繪出來之後，就會開始出現可行的策略。[5]

讀完本書之後，你會看到不同領導者因應不同目的而提出的許多好問題。下一章，我將詳述提出這些問題時，用哪些方式最為有效。

問題思考：

1. 我要怎麼問出好問題？

2. 我要如何為可能發生的事描繪具體的景象？

3. 我知不知道自己提問的目的是什麼？

4. 我可以問什麼能激勵人的問題？

5. 我要如何將使人挫折的問題轉變為更正面的問題？

6. 我要如何才能問更多開放性問題？

7. 哪些類型的開放性問題是我問得比較多／比較少的？

8. 我該怎麼提問，能讓我知道對方心目中最重要的事是什麼？

9. 我在什麼時機最適合提出封閉性問題？

10. 我能用什麼問題協助身邊的人變得更加成功？

---

chapter **5**

提問的藝術

如能領會提問的藝術,將有意想不到的結果,但是提問不當則往往讓人學不到任何東西。就算我們非常努力地確保提問得當,但若是問得不夠小心,仍然會破壞整個過程。提問時的態度、心態、語調、時機、情境和內容都會左右問題的影響力。一個用正確的態度、在適當的時間、問對了人的問題,就和這個問題本身的內容一樣重要。當詢問的科學與提問的藝術相結合時,好問題是可以成為一個妙問題的。

批評 vs. 學習:提問的心態

亞當斯強調,我們的心態決定了我們如何看這個世界,[1] 也同時把我們所相信的設定為個人限制,而把我們所看到的設定為機會。心態不僅界定我們行為與互動,也或明或暗地影響所有事情的結果。在我們自問與問別人的各式各樣問題中,心態都是一個重要的決定因素。此外,每個人的心態還決定了我們如何觀察、了解以及接受我們自己和別人。

亞當斯提到兩種提問者可能有的心態:學習與批評。在學習的

心態上，提問者尋求對人生境遇的回應。當我們專注在學習時，我們把了解過去視為引領我們未來行動的方針。有學習心態的領導者通常很樂觀，總是將新契機視為有希望的未來或是充分的資源。他們充滿樂觀、發展潛力、希望無窮。

相反的，批評心態則背道而馳。持有批評心態的領導者往往把焦點放在過去，但是並非從過去的經驗中學習教訓，而是用來做為讚賞或責備的準繩。

一旦將注意力放在批評上，我們會更擔心問題的責任歸屬更甚於怎麼和別人一起找出解決問題的方法。由於這類問題太容易發生問答雙方攻擊與防衛的情形，所以批評心態下提出的問題往往導致輸贏對立的結果。抱持著批評心態提問的領導者通常深信，不論何種問題，他們都已經知道答案了。

重視學習甚於批評的領導者比較有彈性，而且他們會用一種雙贏的態度提問，反而更有助於找到有創意的解決方法。這種領導者善用問答雙方的關係，營造出一個合作與創新的模式。抱持學習心態的領導者，比一個喜歡批評的領導者更能接受新契機，也不會總是堅持己見或認為自己都必須是對的。

美國鋁業公司田納西州諾克斯維市硬式包裝事業部的分銷處副總裁麥可‧寇門認為「提問時親切與否是很重要的，」他說，「不要用指控責問的方式去找原因。我深深相信，在尋找問題根源時，提問是一種經過驗證的最有力方法。我很注意自己提問的方法，我不用肢體語言顯露我的想法，或是透露出想攻擊破壞某人的意圖。因為如果這麼做，我就得不到全部或完整的答案，對方會很擔憂自

己是不是惹上麻煩了，反而對我問的問題心不在焉或答非所問。」

　　根據亞當斯的說法，寇門這種學習心態讓他的領導有極大的突破與轉變，而更為成功。雖然有時候用學習心態去領導是很難、很辛苦的，但是對所有與事者來說，最終的結果還是很值得的。學習心態讓人客觀思考、找出解決方法，讓彼此雙贏。持有學習心態的領導者會問真誠的問題，也就是說，他們真的不知道答案。寇門還說：「我相信很多領導者常常問得不得當。我提問是為了獲取知識或教導別人，不會問已經知道答案或令人尷尬的問題 —— 這樣會破壞提問的目的。」

　　反之，慣於批評的領導者會讓員工戰戰兢兢，因為他們無時無刻都在害怕被老闆叫去或受指責。領導者批判性的態度會讓員工犯錯時隱匿不報、為自己的行為辯護、拒絕尋求協助或承認他們的缺失與弱點，而這樣只會讓情形更糟。

　　表 5.1 列出這兩種領導者不同的心態和關係，結果會導致截然不同的問題內容與形式。

表5.1　學習／批評心態與關係對照表

心 態	
批評式	學習式
（對自己和別人）批判的	（對自己和別人）接受的
反應式的、無意識的	回應式的、考慮周詳的
自認什麼都知道	承認自己無知
責難	責任

死板、不容改變的	有彈性、接納性高
二選一式的思考	兩者皆可式的思考
自以為是	好奇的
唯我獨尊	為人設想
辯護假設	質疑假設
說法和意見很多	問題和好奇心很多
看不見契機	處處見契機
主要情緒：自我保護	主要情緒：好奇心
我們都同時擁有這兩種心態，我們也有選擇在什麼時刻用什麼心態的自主權。	
關 係	
批評式	學習式
一輸一贏的關係	雙贏的關係
感覺疏離	感覺親近
害怕差異	重視差異
辯論	對話
批判	評論
聽：對錯、同意與否、差異性	聽：事實、了解與否、共同性
將對方的反應視為拒絕	將對方的反應視為值得考慮的
找機會攻擊或自我防衛	找機會解決問題或創新
我們與兩種心態都有關係，但我們也有自主權隨時決定我們要有怎麼樣的關係。	

資料來源：Adapter from Marilee G. Adams, Change Your Questions, Change Your Life, San Francisco：Berrett-Koehler, 2004.

根據亞當斯的說法，以下是幾個學習心態領導者常問的問題：

- 這樣有什麼好處或用途？
- 這樣會有什麼可能性？
- 我們可以做什麼？
- 我們要怎麼樣保持下去？
- 我們可以從這裡學到什麼？

相對的，下面是幾個批評心態的問題：

- 這為什麼會失敗？
- 你到底有什麼問題？
- 這是誰的錯？
- 你為什麼做不好？

一旦有意識地用學習心態提問，我們就更能接受新契機，提問時也更有效。當別人感覺到我們抱持著學習的心態、渴望獲取新資訊和新看法時，他們在回答我們的問題時會更毫不保留，也更能深思熟慮後再作答。如此一來，訊息和意見就會源源而出，問題就能獲得解決，創意被激發出來，進而提高了團隊士氣。

採取學習心態

在一個壓力大的企業環境裡，管理者難免會有批評式的心態。畢竟，主管得對結果負責，他們必須確保每個人各司其職。如果結果不符標準、事情出了差錯，主管必須找出究竟哪裡出錯，還有為何會出錯。不過請注意，找到哪裡出錯和為何出錯，並不表示是找到誰出錯。的確，有效率的領導者知道，必須先找出是誰犯錯，才能準確地找出錯在哪裡及為何出錯的答案。但就算真的必須把犯錯者找出來，有效率的領導者也知道最好的方法是支持誘導改正錯誤，而不是非難指責。

指導是發號施令的另一面。指導式的關係能幫助大家就事論事，讓他們透過探索問題的各種方法找出自己的答案。領導者表現出願意一起探求的支持態度，為雙方建立起互信，就會得到支持的回報。指導可幫助員工看清楚他們的優點、並發現自己的盲點，指導也將為員工製造機會和選擇，而這些機會和選擇是他們原本在評估當時情形時所不曾看到的。這種領導者在面對新的資料時，願意暫時擱下自己的意見，很仔細地聆聽，特別是當他們不喜歡或是不同意所聽到的事情時。

這類型領導者的一些態度和性格，促使他們想問有用的問題，並且用一種公平的心態提問。他們不在意誰對誰錯，哪個人先發現比較好的方法並不重要，重要的是尋求更好的解決方法。如果你對四周的人發出信號，讓他們知道你和他們站在同一陣線，你要和他們一起想辦法，以求雙方皆蒙其利，那麼他們就會把你提出的批評

性問題，視為彼此都不可或缺的工具。

艾伯特實驗室藥物管理營運的全球主管蘇・惠特曾對我說，她用提問幫自己減輕當主管的壓力，並和幕僚建立起一種教練與球員的指導關係，她告訴我：

透過使用提問法，我減輕了一些來自職位權力的負面因素，我問的問題使幕僚忘了我有這個權力，反而讓他們活力四射。問題其實會導引出對話。每當企畫案脫離正軌時，我會要求他們花點時間想想他們為什麼會那麼做。這迫使他們去想、去說。我會問：「你為什麼這樣做？這樣如何與設定的目標相關聯？」我比較少問**誰**和**何時**的問題，我常問**為什麼**和**怎麼辦**（簡單卻有效），這一點在幫助導引員工方面更有效。我可以給他們一些誰和何時的答案，但是我不會給他們怎麼辦和為什麼的答案。

以下是一些能幫助你採用學習心態指導別人的建議：

- 回應時，不要批判別人的想法、感覺或情境。
- 別管你有多少經驗，把自己想像成一個初學者。
- 避免從自己的職位角色聚焦（那會讓你自我保護），改從外界的觀察者、研究者或報導者的角度著眼。
- 從多方面去看待事情，特別要從回答問題的人的角度看。
- 找可以雙贏的解決方法。
- 寬待自己和別人。

- 問題要明確。詢問
- 隨時接受變化，並要隨遇而安。

如何建構問題

　　建構問題牽涉到的不僅是選對表達的字眼。問題要靠所有環繞它們的來龍去脈才能建構起來。更確切地說，建構問題最重要的部分其實已經討論過了：提問是一種學習的過程，而非批判大會。藉由表明我們問問題是想學習，就可以預料這個問題提出之後，肯定會有正面的結論。反之，如果我們的態度嚴厲、語帶批判，所傳達的強烈訊息就不言可喻了。健保執行公司的大衛‧司密克說：「恰如其分的問題，可以讓人將提問者視同一個能幫忙完成任務的隊友，而不是一塊絆腳石。」

　　就算我們有很強烈的學習意願，但畢竟有時候舊習難改：我們很容易把自己的價值觀、喜好與偏見滲入所問的問題中。因此我們必須養成隨時注意、分析和修正問題的態度和技巧。在提問前，我們應該在心裡先把問題從對方的角度再審視一次，看看這樣的問法是否真有幫助。如果你不確定提出一個問題後會得到何種反應，那就坦白地說出來。舉個例子，你可以說：「我不確定該怎麼問這個問題，但是……？」如果你提了個難題，這是避開可能引發危險情況的一個方法。

　　從組織生態和位階職權的事實來看，一開始就清楚地表態你不是在找替罪羔羊，往往對解決事情很有幫助。比方說，假設發生

了一件意外，千萬不要馬上衝出辦公室喝問道：「怎麼會發生這種事？」你可以換個方式陳述同樣的問題：「我們應該研究並找出每一次意外發生的原因，才能避免類似的事情一再發生，這一點很重要。」只要建立起這種提問的模式之後，問題的焦點就會被放在防患於未來（不是過去，也不是怪罪誰或追究責任），然後你就可以問：「這是怎麼發生的？」這樣包裝你的問題時，你所得到的答覆將更坦誠、也更有用。

隨著今工作環境的不同，領導者更需要特別注意如何包裝問題。

日內瓦世界童子軍運動組織的伊凡第・若賈布表示：「在許多文化中，提問不當可能造成很大的威脅。很多人不習慣被多次質問『為什麼』，特別是比他們資深的人在場時。因此，這時非常重要的是，你應該為雙方的對話營造一種正面的氣氛，然後仔細觀察對方的肢體語言。」

不約而同地，伊莎貝爾・瑞馬諾奇（國際管理領導統御公司合夥人暨執行教練）也曾這麼告訴我：「在泰國，提問會被視為挑戰某人的意見，而第一條規矩就是沒有人應該『丟面子』。經驗告訴我，最好把問題重新包裝成一個給某人的禮物，讓它看起來像個有趣、好奇的東西。這樣的包裝完全改變了大家對這個問題的認知，反而更容易看待接受它。」從另一個人關心的角度包裝問題，對建立彼此良好的關係極有幫助。同樣的，把問題包裝成一個需要協助的請求也很有效：「我非常重視你的意見，所以我會很感謝，如果你能告訴我……」這麼一來，你是在要求對方幫忙，而不是用命令

的態度，就不會讓對方感覺不妥或受到脅迫。

領導者最好能用正向的方式包裝問題，比如庫伯瑞德所謂的**讚賞式的詢問**（appreciative inquiry）。[2]讚賞式的詢問是「研究探討挹注人類系統生命力、使其發揮最大功用的是什麼？」[3]這種對個人與組織改變的探討取向是基於一種假設：從力量、成功、價值觀、希望與夢想等等而生的問題與對話，都是提問者與被問者自身轉變而來的。它是基於肯定和欣賞所產生相關的詢問過程。

因此，聰明的領導者不會問出了什麼差錯，而會把問題的焦點放在哪裡做得不錯、還可以做什麼，以及怎麼樣才能改進得更好。這種導向會引領工作團隊去找「可能性」而非「不可能性」。重心將維持在改進與持續學習上，而非抱怨和出氣。從虛心求知和正面取向的提問，領導者將獲得更新更廣的答覆。

門徑中游夥伴公司的執行長麥克・史戴斯告訴我，他在建構問題時，主要是為了幫助團隊了解當下的組織情勢為何是這樣，以及這樣的情勢是正面或負面。他說：「提出與正面結果有關的問題，能幫助我們弄清楚是否可能在面臨其他局面時複製出同樣的成績，進而獲得更大的利益。探討負面結果時，是為了查明需避免的特定狀況，以防未來再次得到負面的結果。」

提問的時機

找對時間提問是一門藝術。如果在過程中我們太早提問，工作團隊或個人可能還沒有足夠的資料作答，那麼，我們可能會錯失一

個了解真相的機會。但若是太晚才提問，我們也可能錯失學習的機會，使掙扎許久、求助無門或是撐不下去的參與者大感挫折。只要累積經驗，領導者就越有自信掌握時機提問，以獲得最理想的結果。

提問過程的步驟

　　提問可以是 —— 通常也是 —— 一個很簡單的過程。在一段對談的過程中，某個問題常會蹦出來、被解答，然後對談繼續進行下去。不過，當你發現面臨的是一個棘手的議題，而又想趕快把事情處理好時，按照下面這個簡單的過程做可能很有效。首先，打破僵局，讓大家開始交談。其次，把你想討論的話題帶出來。第三，提出你要問的問題。第四，專心傾聽對方的回答。第五，也是最重要的一點，要有後續動作。

1. 打破僵局

　　用輕鬆的話題起頭，讓大家自在地開始交談。第四章曾提到，一個簡單的封閉性問題（你現在方便說話嗎？）可以讓對方打開話匣子。友善的、開放性的問題（你今天過得如何？）會鼓勵對方暢所欲言。在你要提出問題時，盡量保持友善的語氣。

2. 布局籌畫

　　所謂的布局籌畫，就是你要用哪些資料及遣詞用句包裝問題。

布局籌畫過程的重點主要在你，而不是別人。如前所述，若要有一段毫無保留的交談和自由誠實的答覆，最重要的是保持學習心態，而非批評心態。

最直截了當的說法就是，交談的目的是學習，不是批評。坦誠以待、透露一些你自己的想法，往往很有用。你可以說一些事，例如「我一直很關切我們的銷售量不如預期」，或是「對我們現在試行的企畫案，我真的感到很興奮。」這麼做的理由是讓其他人知道你的態度。如果你對一個問題很關切，盡可能用客觀的方式描述──並且在你問下一個問題前先讓別人對你的這個描述做反應。如果你要找的是新點子，就直截了當地說。

另一個布局籌畫問題的方法是，一開始就先解釋清楚你希望這段交談有什麼樣的結果。你可以用下面這幾個句子把話說明白：

- 對於為什麼會發生這個問題，我希望有更多的了解。
- 對於我們的新產品顧客的反應如何，我希望能知道更多。
- 對於我為本單位所做的計畫，我想知道你的看法。

只要你的目的是在學習而非批評，把你的目的解釋清楚，就應該不會對別人造成威脅。

根據庫茲和波思納的說法，如何包裝好問題的關鍵在於，你得想一想問題裡面的「探詢」。[4]你要這個人想什麼？你要學什麼？一個探求心態表現出你對其他人的關心。正如古諺說的：除非人們知道你有多關心，否則他們不會關心你知道多少（people don't care how much you know until they know how much you care）。

領導者在提問時不該只專注在協助和建議上，這樣的態度會引起對方的反彈、依賴和自我防衛 —— 這些絕不是你要的回應。詢問事情可以怎麼做，而不是問事情為何做不好，才是一個領導者應該使用的提問方式。

狄倫（J. T. Dillon）在他的經典著作《問與教》（Questioning and Teaching）中提到，從尊重答案去發現我們的意圖，可以解釋我們提問的目的。「我為什麼需要這份資料？我想要知道什麼或找出什麼？我將怎麼處理這個答覆？這個答覆可以告訴我什麼，或是我想要這個答案去做什麼事？」[5]

一旦交談的目的很明確了，你就應該立刻提出你的問題。

3. 提出你的問題

如第四章提過的，在提出你的問題時，要確定它們是鼓勵式而非打擊式的問題。比起封閉性問題僅能提供範圍有限的回應，開放性問題所引導出的回應更正面、非自我防衛性。引導式問題的操控意圖顯而易見。中賓州家庭保健委員會的執行長辛蒂・史都華表示：「一個有效的問題必須是一個探索。我經常看到一般人總試著把自己的解決方法強置在他們的問題裡面。」她提醒大家注意一點：強迫別人接受你的答案通常是沒有用的。「在處理困難的議題時，員工越能夠主宰解決的方式，所產生的結果就越成功。」她說。史都華舉出幾個她發現最有效的問題：

- 你的解決方法將如何達到你的目標？
- 你想完成什麼？
- 你的顧客會有何期待？
- 這可以如何提升我們的策略性目標？
- 這符合我們的核心價值嗎？
- 你認為要解決問題的要素有哪些？

　　提問時，應全力集中在提問者和問題本身上，別去管其他你可能有的顧慮。你不能同時一邊聽、一邊想下一個你要問或要說的問題。影響回答品質的，不僅是問題的內容，還有提問時的態度，尤其是速度和時機。試著保持穩定的速度提問，眼神接觸時不要飄忽不定，這個技巧就在你得不斷地表現出好奇心，別讓員工覺得你在批評、審訊或操控他們。用一些鼓勵性的話語，像是「我對那件事一無所知，你可不可以再多說一點，到底還發生了什麼事。」

　　提問型領導者的好奇心都很重。當有好奇心而非要求時，領導者會問出比較好的問題。愛因斯坦說過：「重要的是，不要停止提問。好奇心有它存在的理由。」我們很少會去研究或探討我們已經確知的事，但是我們會對不熟悉的領域提出疑問。探究問題的行為需要強烈的好奇心與歡迎新機會、新方向和新了解的開放態度。如同成功的籃球教練、傳奇人物約翰・伍登（John Wooden）所說的：「你最後學到的，就是你知道每一件事都會有所影響。」

　　提問時不需要大吼大叫或是提高音量。其實提問時越溫柔，作用反而越大。這一點和用大聲而有力的語氣陳述意見會得到較有效

和較好的結果不同。提問時的態度應該溫和，而非傲慢。

　　試著一次只問一個問題。同時問好幾個問題往往讓對方感到壓力或混淆。在提出下一個問題前，先讓對方有機會回應第一個問題。有時候，很多人因為想控制場面，或者不曉得何時才有機會再提問，或因為自己還沒有把問題想透徹，甚至是想控制或操縱第一個問題的答案，在這些情況下，他們就會一個問題接著一個地提問。這種提問的方式得到的答案都很爛。一般人可能會抗拒這種連珠炮式的問題，因為這讓他們覺得自己像是受審的犯人。缺乏經驗或耐心的提問者提出的一連串問題，只會顯示出他們想要掌控的意圖，而非真心想尋找真相。

　　記得你是和別人進行一場交談，而不是在審犯人，還有，當交談繼續下去時，你要做好心理準備，對方也可能會問你問題。注意聽你自己的說話和你所得到的回答。假如你發現自己說得太快，或是對方回答越來越簡短，就應該暫停一下，或者把速度放慢，給雙方多一點時間思考。此外，身為領導者，你應該常常省思，並且花多一點時間思考如何回答對方提出的好問題。把注意力集中在你們說過的話，這樣你才能完全了解問題內容。注意遣詞用句和話中可能暗藏的意思，還有回話時的態度。這時候有一點很重要，就是暫時擱下你的偏見、聯想和批判，也要小心自我提醒：不要開始想你的下一個問題該怎麼問。在確定別人把話說完、你要回答之前，最好留一些「等待時間」。

　　領導者還應該注意：不要催促別人回答你的問題。通常，一個好問題是需要給答話者時間好好想一想。一個偉大的問題會讓人想

更久而沉默不語。領導者應該習慣提問之後不能立即獲得回應的情況。允許對方思考如何作答，讓他們知道你對他們的沉默不語不會感到不悅。沉默可以讓別人知道你期待他們慢慢繼續回答。給對方多一點時間、讓他們靜靜思索，可以幫助他們更深入地整理好思緒來作答。[6]

有效率的提問者知道一點：並非所有的問題都需要立即的答案。給對方時間仔細思索你提出的問題、找資料，以及醞釀新想法，他們會把這個問題放在心裡，也許過一陣子你再問同一個問題時，他們可能給你更多答案。不給人足夠的時間，只會限制住對方，使他們無法虛心思考。給多一點時間，比較理想的說法是：「讓我們用幾天的時間一起好好研究。同時，請仔細想一想這個問題，我希望有幾個方案可以讓我們討論。」神經領導力研究院的院長大衛‧洛克告訴我，在不需要立刻回答的情況下所提出的問題，往往最有效。讓大腦放鬆、細細思索是有必要的，這樣一來，腦袋才會產生獎勵感，而非覺得受到威脅。有時候，問題本身和它所引出的省思，比它的答案更有力、更有價值。

如果你真的遇到抗拒，最好保持靜默。你必須給對方時間思考。對方一定會先考慮你為什麼在此時提出這個問題，才會思考他要如何回答。我們常常會忘記或很難從別人的角度看這個世界。

4. 傾聽並顯示樂於聽取回答

別人回答你的問題後，要說「謝謝」。下一次你再提問時，對方會比較願意作答，也比較願意給你更深入的答覆。當你的問題展

現出對別人思考過程的尊重時，也就是支持他們質疑自己長久以來的假設性論點。提出有技巧性的問題確實比直接給建議難得多，而且多年以來，管理者已習慣於準備好答案、提供建議，效果也都不錯；但是我們的答案只對我們自己有用，現在我們更需要讓別人去找出對他們有用的答案。

假如你很認真地以學習心態提問，當你聽到一個答覆時，就不應該採取批判性的心情看待它。評斷或批評式的反應只會讓你無法從中學習或創新。科萊特集團的傑夫·克如爾說：

在召開幕僚會議時，我會提出這個團隊負責的工作領域的相關議程做討論。有時候，會有某個客戶突然要求大幅增加供貨量，需要我們立即處理。我會從先要求他們清楚界定這個問題開始，再條列出可以解決問題的選擇方案。我會不斷地刺激他們提供更多的想法和方案，等他們再也沒其他東西可提的時候，我才會提一些我的看法。他們都很明白，這些想法沒有所謂的對錯，我們只是要把所有的可能方法找出來罷了。一旦找到一個方案，我們會先從正反兩面討論，並且繼續把範圍縮小，直到討論出一個基本可行的方法為止。這就是我們每天、每週、每月解決問題的方式。

彼得·杜拉克和其他人則指出，溝通最重要的是「聽到那些大家沒說的事」。顯而易見的，這需要很仔細小心地聆聽。如果你想要問題獲得最好的解答，聆聽技巧高明與否十分重要。能夠獲得別人的全神貫注，是一份最棒的禮物，假若在聽完你說的話之後，他

們能把自己的感想告訴你，那也會大有幫助。因為我們通常會把這些情緒隱藏起來，所以有時候在某個情境下，我們會不自覺地流露出憤怒或痛苦。可是當別人注意到並提醒我們的時候，我們對自己反而有更多的了解。

　　全心全意地聽員工的回答，不打斷或插話替他們解決問題，你就等於為他們鋪好路，讓他們自己去找答案。不論你的用意多好，只要一打斷員工的說話，無異切斷他們的路，把焦點又拉回到你自己身上。最好等你確定員工已經想清楚了，再把你所聽到或觀察到的心得告訴他們。

　　為什麼傾聽如此重要？諾華集團組織發展執行主任羅伯‧霍夫曼解釋道：

　　我一直用史蒂芬‧柯維（Stephen R. Covey）的第五條習慣定律提醒自己：首先要了解對方，然後讓對方了解你。我覺得很重要的是，我會設身處地從對方的立場聽他說話，因為這樣的傾聽才是真正的為了了解而聽。若是不提問，你無法真正了解對方的處境。然後同樣地，透過提問，我會確實做到將我的想法和意見很明確地和對方溝通清楚。

　　我的幕僚都很感謝我給他們平等的參與機會。我在聽他們說話時，以及信任他們的判斷時，都秉持一樣的做法。每個人都會很感激他的回答受到重視，並樂見他的答覆付諸行動。

　　依據法蘭西絲‧海索本（Frances Hesselbein）的說法：「我們

需要實踐傾聽藝術的領導者，實踐杜拉克講的『先想、後說』的領導者。那些治療型和統一型的領導者用傾聽去綜合建立共識、欣賞異議、找尋共同觀點、共同語言和基礎，而不是把這些排除在外。」[7]

　　做為一個領導者，你可以有幾種方法證明你真的在聽對方回答，並且真的關心他的回答：

- 在提問後稍做停頓，好讓對方可以思索，然後有條理地把答案說出來。
- 一旦提出問題後就專心聽。
- 保持穩定的眼神接觸、點頭表示贊同。小心觀察「冰山的一角」──對方的肢體語言、臉部表情、姿勢或含糊其詞，這些都透露出如果你稍加鼓舞，他們會願意提供更多的資料或意見。保持靜默並不僅是不說話而已，而是指坐著不動，但繼續看著對方，讓自己在等對方開口時保持自在。
- 確實讓對方知道你是真的要了解他說的話。你問的問題應該讓對方明白，你很願意面對和接受新的結論。很多時候，你必須以提問來澄清狀況，確保自己對情況瞭若指掌。
- 耐心地聽，不要打斷對方。插話會顯得你對他或他說的話毫無興趣。
- 用心聽，一個字一個字聽，解讀那些情緒性的內容。
- 用你自己的話把你聽到的重複一次，問對方你對這段對話的了解是否和他一樣。

- 在問關鍵性的重要問題時，盡量讓你的語調顯得很好奇。沒什麼比你用「啊哈！我逮到你的錯了！」的態度更能破壞對方的沉思了。
- 要求對方提供更多理由，這樣可以讓他提出比早先說的更有力的論點。
- 請對方允許你找出他話中的弱點。這個策略的用意是鼓勵對方和你一起檢視他的論點。
- 讓對方得到一個印象：你和他是合作者，你們合作的共同目標是改進知識和結果。
- 透過問開放性、不帶偏見的問題，展示你尊重他們的看法。
- 問一些如「這樣有什麼用？」和「我可以學什麼嗎？」之類的問題，專心聽他們的回答。不要問「這是誰的錯？」
- 幫助他們從回答問題的過程中學習。

領導者需要小心注意不要打斷對方說話，但也要確定他們全盤了解整個情況。仔細觀察、做筆記，都可以幫助領導者掌握清楚，哪個人說了什麼話，怎麼說的，什麼時候說的，對誰說的。主動積極地傾聽需要相當集中的注意力，這種全神貫注，會讓我們得到更宏觀的全方位觀點。

領導者必須非常投入於專心聽別人說話，如此才能辨識或確知一個工作團隊的共同意願。一顆永不滿足、不存偏見的好奇心，可以讓一個領導者對個人、團體和組織提出許多偉大的問題。

5. 後續動作

在一段問話對談結束後，能否堅持到底非常重要。那個開誠布公、慎思熟慮後回答你問題的人，有權利知道你如何處理他給你的資料。同樣的，如果某人在回答你的問題時表達他對某件事的不滿或對某個方向表示關切後，卻發現他所提的意見從此消失不見，也會有被忽視的感覺。那些提問後卻沒有後續動作的領導者，最終都會發現自己身處險境。史都華說：

我學到很重要的一點，也一直試著教給我的執行團隊，那就是，一個只依賴提問的領導者，最後將會被視為不夠真誠、不足以信賴。提問的力量必須透過學習、後續動作和改善才能發揮出來。只提問卻不重視答案的領導者將很快地喪失可信度。我提問，是來自於我真心要從我的員工身上學習，而我根據他們給我的答覆去做的後續動作更強化了這一點，你可以從步驟、過程或行動中產生明顯的改變獲得證實。

執行教練馬歇爾·古得斯密為領導者寫了下面這段話：「提問和學習應該不僅止於學校裡的練習，整個過程應該會製造出有意義、正面的改變。從學習如何在這個極度繁忙的世界中有效率地做後續行動，領導者將可以幫助那些主要利益相關者看清楚由他們回答別人問題而生的正面行動。」[8]假如我們提問並得到答覆後未採取任何後續行動，以後別人就會把我們提的問題當做學校練習題一樣隨便回答，或者更糟糕的如史都華說的，他們會覺得我們不真

誠、不可信賴。

美國鋁業公司的寇門贊成後續動作（或者按照他的說法是「回報某人」）非常重要。他說：「在把他們給我的答覆消化完之後，我能否回報他們一些什麼是很重要的。我需要給他們一些消息和行動，證明他們的回應是有回報的。」

真誠傾聽與學習

雖然本章提供了許多有效提問的策略和技巧，但是提問的藝術畢竟不是只有提示和技巧而已，更重要的是真心誠意地希望學習而非指責，真心誠意地希望聆聽虛心、無偏見的回答，以及根據交談的結果採取後續行動。只要我們能真誠地這麼做，雙方的交談自然就會順暢無阻了。

問題思考：

1. 我能了解批評式問題和學習式問題之間的差別嗎？

2. 我該如何建立提問時的學習心態？

3. 我可以用哪些問題來展現學習心態？

4. 我可以用哪些方法來將我的問題包裝得更好？

5. 我該如何判斷最好的提問時機點？

6. 我該如何探究原因，同時不會語帶指責？

7. 提問的時候，我可以用哪些方法來布局？

8. 對方回答我的問題時，我該如何更加展現出對回覆內容的興趣？

9. 為了能提出更好的問題，我有仔細傾聽對方嗎？

10. 我該如何用後續提問來讓我的領導更有效？

chapter 6

創造提問型文化

　　提問型領導者的目標，是將一個告知式企業文化改變成詢問式文化，以協助每個人認清、了解他們必須使用提問法做為彼此間溝通的主要工具。正如本書第二章提到的，一旦改變組織的文化，未來必定獲益良多，而沒有一個方式比提問法能更有效地營造提問型文化。馬克‧塞隆希爾告訴我：「提問的影響力，大到可將一個員工感覺處處受剝削的企業文化改變成員工自主的文化。」身為美國紅十字會中西部分會的執行長，塞隆希爾採納的正是提問型的領導方式。「這種方式使我的工作團隊大受激勵，並在態度與產能方面產生驚人的改變。這也使得我的經理和我對彼此都有更深的了解。」

領導者的角色

　　一個領導者如何發展出一個提問型文化？以下的策略可以幫你建立起一個強而有力的學習與提問型文化：

* 從高層做起。提問型文化必須從最資深的領導者開始，因為這些人是經常使用好問題的模範。

- 塑造一種環境，讓大家去挑戰現狀、冒風險和提更多問題。要知道許多標準化的方法、方針和步驟對公司不再具有價值 —— 即使它們曾經有價值。
- 將提問法與組織的發展重心及過程相連結。
- 透過將提問法用於每個企業活動，無論是正式或非正式的會議、促銷電話、與客戶會談或展示會，充分利用所有機會推動提問。
- 對提問者表示獎勵和欣賞，鼓勵冒險和容忍錯誤。
- 為員工提供訓練，使他們更懂得及更自在地提問。

以上這些策略，都會強化任何與提問型文化六個標誌有關的行為。

領導者以身作則

現今有不少領導者以身作則使用提問法。在擔任安海瑟布許公司（Anheuser-Busch）的董事長兼執行長時，奧古斯都・布許三世（August Busch III）就鼓勵他的九人董事會開誠布公。他堅持每個董事在開會前得先準備好自己的意見，並且要站穩立場。每當大家開始起爭執時，他要求持反對意見的人表達他們的看法。布許在安海瑟布許公司發展出的提問和學習文化，使這家公司大為成功。[1]

必治妥施貴寶製藥公司（Bristol-Myers-Squibb）前董事長兼執行長查爾斯・漢寶得（Charles Heimbold），述說他如何在公司裡成功地建立起一個學習型組織。他和其他幾個高層管理者全心致力

於提問 —— 他們不使用命令。他說,必治妥施貴寶裡的優秀領導者「都知道一個好問題比一個命令能發揮更大的作用。他們不會告訴某個人正確答案,而會建議他去找某個專精此事的人,或者推薦一個不論從內或外可以幫他忙的人選,讓他就其工作需要獲得最佳的資訊。」[2]必治妥施貴寶的領導者經常在公司內四處走動、不時提出問題,他們還常「主動挖掘問題」。他們在組織內外大量蒐集意見和想法。資深經理人經常得出差旅行,去發掘各式各樣的競爭者、供應商、客戶、學校以及其他實驗室,以便取得更多資訊和意見。領導者鼓勵員工和他們一樣,出差時,他們會邀請員工一起去或讓員工自己去。這麼做的結果是,該公司在一個充滿活力、支持創新的文化下,變成一個朝氣蓬勃的組織。

杜邦公司董事長兼執行長查德・哈樂戴是另一個以身作則提問的領導者。他說,事實上,「我在杜邦做了三十五年,我使用的問題越來越多。」他說,在事業生涯的早期,他所受的訓練「就是提問,而且是要學習如何問好的問題」。哈樂戴補充:「我習慣用提問方式從別人身上找出解決方法,以及如何更快速地讓大家達成共識。」他繼續說道:

在杜邦內部,我們有一個很清楚的共同目標,所以提問型領導的過程進行得很順暢。當資深杜邦人開會時,我們有一個引導大家進行討論的基本架構。但要維持讓大家一直不斷地提問,還是需要個人的自我訓練。特別是在你面臨緊急狀況又很想盡快解決事情的時候,很多人難免會只說不問。

　　在重大議題上，我相信一定要使用提問法。在開會時，我們從找出那一次會議必須解決的三個最重要的問題開始，等到會議結束時，再據以檢討我們做得怎麼樣。這三個問題由會議主席決定。每一個會議都有其召開的目的，也應該有最後的結論，通常這些結論就是那些問題的答覆。

　　成功而有效率的領導者會不斷地尋求提問的機會。創新領導中心針對一百九十一位成功的領袖做過研究，發現這些人的成功之鑰是開創提問的機會，然後提出他們的問題。[3]

　　除了以身作則提問外，領導者還應該展現願意學習和接受改變的誠意。艾德格‧史甘（Edgar Schein）表示，領導者必須具備極強的動機與自信，才能通過學習與改變過程中不可避免的痛苦考驗。[4]當學習與改變漸漸成為日常生活的常態時，他們也得知道如何控制情緒以處理自己和其他人的焦慮。瑪格麗特‧惠特雷則指出，領導者應該比其他人更深思熟慮、更能自省和敞開心胸。[5]他們必須知道，他們的同事單獨行動所得出的結果，絕對不會比集體討論的結果來得好。偉大的領導者會渴望看到其他人在學習，他們了解並且懂得欣賞其他人如何學習、如何把學習納入生活的一部分。

　　提問型領導者可以成為一個很棒的老師和共同學習者。領導者應該尋找有創意的方法以發現教導及學習的機會。透過提問過程，他們會把每個提問對象和他們之間的互動，轉變成一個潛在的學習機會。他們通常不受預定的行程限制，總會額外再多傳授領導技巧。確實實踐學習、冒風險、找尋有創意的答案和提問強有力的問

題等行為，是領導者將他自己的學習和方法向員工展示的最好證明。長久以來使用這種方式而大為成功的企業，是因為他們不斷地提升內部各階層的領導方式（而不僅是因為他們的核心競爭力或採用現代化的管理工具），而提問型領導者會促使各層級的領導者不斷地進步。

創造挑戰現況的動機和環境

　　成功的領導者不僅問自己問題，更致力於創造一個讓每個人都可以提問和被問的環境。這也就是說，首先，他們全心全力培養一種氛圍，在這種氛圍下，員工對提問感到很安全，並能信任這個系統及系統裡的人。沒有這種安全感和信任感，一般人往往不願意讓自己陷身險境，會對有威脅感的提問和回答問題覺得不安。沒有信任和不公開，一般人多半不願說出他們對問題的感覺和想法，所以即使可能有所幫助，他們也不敢向領導者提出疑問。

　　在感覺到自己是問題的焦點或靶心時，一般人也不會開誠布公，所以提問時有一點很重要：慎選地點和時間。一開始，領導者可能需要安排單獨面談，因為有些人可能因為害怕遭到批評而不願在許多人面前表達自己的意見。私下會談時，他們所提的問題與答案可能更坦率公正。一般人對自己擅長的領域通常感到較自在，就他們的工作範圍提問可能會讓他們更放鬆，也更容易讓他們無拘束地多發表一些意見。過一會兒，他們的自信心和信任感會更強烈些，就會對有其他人在場時提問與被問感到更自在。

　　如果是很唐突或語帶指責的問題，或是被要求立即回答時，也

會讓一般人覺得自己是問題的靶心。記住第五章提到的指導方針：從真心學習的欲望去提問，採取正面的態度，同時要給對方足夠的時間做回應。

如果真的想創造一個能安全提問的環境，我們就必須承諾致力於幫助大家一起在此環境下成長。除了看到每個人身為一個工作者所做的有形貢獻外，也應該重視他們本身的無形價值。領導者對每個個人、專業和精神成長等方面要許下真誠的承諾。這不僅包括提升他們的學習力，還要對他們提出的意見和建議表示關切，並鼓勵他們參與決策制訂。一旦領導者顯示出這種對個人的關切，就有助於創造一個提問的安全環境。

透過使用對話的方式，領導者可以展現他們對挑戰現狀的容忍度，甚至是鼓勵。對話是一種可以平衡提議和訊問的溝通方式，這裡所說的對話，是基於以下這種原則而來的：人心可以用邏輯和理性了解這個世界，而非必須依賴某些人透過武力、傳統、更高的智慧或神權而來的權威所做的詮釋。對話讓團體慢慢累積成員的集體智慧，並視此為一個共同的整體而非片段的部分。對話時有兩點很重要：是提問而非提供解答，是取得可供分享的意義而非只利用一個單一意義。對話需要的是互信。

基於受信任和關切的問題，對話會形成一種關係，而且在運用良好和頻繁時，大家會看到自己提的問題和觀察受到重視，從而建立起一種信任感。對話的中心概念就是透過互動，每個人不是只認同公司或其他事情，而是認同這個整體，重點在於取得更多的了解和意義分享。如塞隆希爾所說，提問確實有助於受僱者文化從權益

被剝奪轉變為擁有更多自主權。

艾塞克斯（Isaacs）則指出，對話不但是改善組織、促進溝通、建立共識或解決問題的一套技巧，同時出於一個重要的原則：從觀念形成到動作完成，是環環相依、緊扣著一個共同核心意義的。在對話的過程中，「大家會學習一起思考 —— 這不僅僅是指就一個共同問題做分析或創造一些可分享的新知識，而是一種集合性的識別力組合，這種識別力包括的不僅是一個個人，而是這個團體的所有成員的思想、情感和所產生的行動。」⁶經由對話，大家可以很快推進到下一步因應對話而生的行動模式，並且開始行動。他們也會由此看到應該如何配合整體行動而做自己該做的事。

當你準備展開對話時，要先確定每個人都表達了他們的意見，而且都受到參與這個對話的所有成員的尊重。在積極探討議題和問題的過程中，應該鼓勵參與者盡量先不要批評或做分析，而專心傾聽以示尊重，這麼做的目的，在確認彼此間的良好人際關係，使團體的集體權利和集體智慧結晶對這個世界有所貢獻。從這樣知識分享產生的結果是，源源不斷的資訊和創意種子出土萌芽 —— 新穎的、充滿想像力的觀點，可能導致意想不到卻價值非凡的想法。

在鼓勵對話的同時，要確認的是，所聚集的不僅是個人的，而且是這個小組和這個組織的集體智慧結晶。我們知道，每個人都看不見自己先入為主的想法，需要透過別人的協助才能看到這些盲點。我們清楚表明出，不論一個人有多聰明或能力多好 —— 包括主管在內 —— 都是從不同的角度看世界，而其他人提供的角度能為我們擴大視野。惠特雷指出，問題和對話有創造「大網絡」的潛

力，且有助於組織的緊密結合，而不像意見陳述可能會為組織製造更多的分歧。[7]

確保價值觀和過程不與問題起衝突

某些組織的價值觀可能會阻礙提問型文化的發展。比方說，有些組織非常重視員工的忠誠度，而許多人認為要表示忠心耿耿，就是不可質疑領導者說的任何話。一個強調忠誠度的組織，需要對員工解釋清楚它所要求的是什麼樣的忠誠。對組織的忠誠，或是對事實的忠誠，應該不致對提問型文化構成妨礙。不過，如果忠誠度的重心是放在效忠目前的領導者，那麼提問型文化可能就無法在這個組織中實現。

透過提問，領導者可以讓所有參與者加入對價值觀的討論。他應該問，我們的價值觀贊成提問嗎？如果不是，我們是否應該重新考慮要不要這樣做？也許我們會發現更多更好的價值觀？如果是，我們有沒有確實按照價值觀的標準做？

庫茲和波思納認為，想成為領導者，是一個追尋自我的內在探索。[8]學習如何領導，其實是在探索你關切什麼、重視什麼。從組織層面看，道理是一樣的。具備提問型文化的組織，就是在探索他們究竟是誰、他們能做什麼、他們擅長什麼。以下是組織內成員一起討論時可以提出的問題：

● 有什麼靈感可以啟發我們？

● 有什麼事可以挑戰我們？

- 有什麼事可以鼓勵我們？
- 我們對願景和價值觀的信念有多確定？
- 當面臨不穩定和逆境時，是什麼因素鼓勵我們繼續前進？
- 我們將如何處理失望、錯誤和挫敗？
- 我們的強處和弱點各是什麼？
- 我們需要如何增進推動組織前進的能力？
- 我們彼此之間的關係有多堅固？
- 我們如何讓自己保持動力強勁、士氣高昂？
- 當組織面對複雜的問題時，我們應變的準備如何？
- 我們對於員工應否參與組織事務的信念為何？
- 我們的組織未來十年應朝哪個方向發展？

　　上述這些問題可以幫助每一個人 —— 小組、部門和整個組織 —— 發現，做為一個團體，他們的自我及真正的價值之所在。

　　這樣的對話方式可以獲致一個對價值觀的共同了解。組織的價值觀應該從這麼一個過程而生，而不是來自一個公告。如果你的組織有一個價值觀正式聲明，你應該考慮讓所有人對此討論、表示意見，問他們，每一條條文會如何影響組織發展提問型文化的能力。

　　標準化的操作過程也會妨礙提問型文化的形成。舉例來說，一個連芝麻小事都要經過層層檢測和申請核准的組織，無形中就在告訴員工他們不受信任。員工知道自己的觀點不受重視 —— 所以他們所提出的問題也不會受歡迎。

緊握提問的機會

每天我們都有無數的機會提問。不提問表示沒有打開窗口，無法探尋意見和遠景 —— 也就沒有機會建立和強化提問型文化。根據詹姆・柯林斯的說法，隨時隨地盡可能提問的提問型領導者，就有可能帶領公司從好到更好。[9]

常見的情況是，我們沒提問是因為我們太匆忙。今天的組織文化不容許慎思熟慮，它們要的是果斷和行動。開會時匆匆地通過一個議案，或是要大家趕快做出決定，其實是大大減少了提問的可能性。杜邦公司的查德・哈樂戴曾說：「杜邦有六千多位經理，每個人每天得做出四到五個決定。如果我們能讓他們在採取行動前先提出適當的問題，杜邦將可以節省下大量的金錢和時間。」惠特雷則建議，領導者該問他們自己的最重要問題，就像下列要花更多時間提問思考的問題：

- 大家對共同合作以找出解決方法的意願有多高？
- 我在自省時，有什麼成果？
- 當人們面對衝突、悲傷和痛苦時，他們會願意來找我嗎？
- 哪些地方有更多機會讓我可以去找不同的想法？[10]

有時很容易找到提問的機會。善念機構的蓋姬特・霍普說：「當某人帶著難題或問題來找我時，我總是把矛頭指回去，問他們對這個問題的看法如何。」比起他們現在所做的，大多數的領導者確實應該在更多情況下更常提問。當然，提問的時機應該視情況不

同而異。有些場合就很適合提問：

- 解決問題的會議
- 員工參與的企畫會議
- 業績評估會議
- 新進員工的訓練課程
- 幕僚會議
- 與客戶的討論會
- 董事與組織各層的會議
- 群眾與社區會議

當然，還有很多場合適合提問。第三篇會就如何在不同的組織活動內提出適當的問題做更詳細的探討。

獎勵及激賞提問者

激賞是從認同、重視和感謝出發，建立提問型文化的領導者，會知道組織裡那些能力最強的人及他們周遭的環境，也會確實掌握員工過去和現在的優點、成功、才能和潛力。他們會找機會提升個人和組織的價值。因此，我們應該建立起一種建設性而非批判性的探詢模式。全然肯定員工的領導者，會對他們所提出的問題更為肯定，這些問題將引發更多有益和正向的回應。

在評估員工完成的成果時，除非員工指出「有待加強的地方」，否則領導者常常會覺得他們沒把工作做好。一個有同情心和

鑑賞力的領導關係意味著：允許員工犯錯，並從錯誤中學習。隨著日益劇增的競爭和企業環境的改變，組織需要的是願意學習的員工。想推動學習，就必須允許員工犯錯。害怕犯錯後受罰的心態會使員工過度小心、不敢冒險，因此也就無助於企業成功。

設身處地為人著想，會使領導者和被問問題的人產生共鳴。每個工作者的專長及特殊的人格都應該獲得認同和接納。領導者應該假設他們是出於善意，就算你必須否定他們的行為或表現，也不要把他們當做一般人加以排斥。那些總是視某些人為痛苦或麻煩人物的領導者，或許還是會受人尊重或畏懼，但卻沒有人願意追隨他的領導。

提問型領導者尊重別人，並且關心同事的福利。他們希望每個人都成功，也希望從別人的成功故事中學習。這種同情別人和支持別人的能力非常重要。對於其他同事幕僚的能力，領導者不應該只看目前的表現，而應看得更遠、激發他們做得更好，「遠遠超過任何人所能想像的」。這種態度會使其他人對領導者產生更大的信任感，同時在同事與下屬各個團體之間，發展出更公開、更良好的關係。

放慢節奏與減少壓力

神經領導力研究院院長大衛‧洛克大半生都在研究大腦運作的方式，以及問題和深度思考如何影響大腦。大衛指出，主管和領導者試圖解決問題時，往往會找來一大堆資源、倒更多咖啡，或更糟的是，聚集一大群人來腦力激盪。這與大腦需要的恰恰相反。主管

有責任創造一個讓下屬能想出答案的環境。大衛表示：「如果要以團體的方式進行思考，那更好的方法是，先以團體的方式來定義問題。接著，要求每個人花點時間去做一些有趣但重複性高的簡單事情，讓潛意識幫忙找出答案。」

提供提問訓練

向員工強調提問的好處，以及不提問可能會造成哪些災難（例如第一章裡提到的鐵達尼號郵輪、挑戰者號太空梭和豬玀灣事件等故事）。和員工分享那些提問法如何改變小組和組織的故事和案例。 你可以從本書找到許多資料，告訴他們如何及為什麼要建立提問、學習和創新型文化。本書最後的〈附錄三〉，提供更多進一步有關如何訓練人們提問的方法。

如何面對抗拒

因為太多企業無形中存在著告知型文化，因此，創造一個提問文化很困難。模里西斯德查拉杜美商學院（DCDM Business School）執行董事艾瑞克・查魯斯（Eric Charoux）告訴我：「透過提問的領導方式是一種文化轉變，不是很容易推動 —— 畢竟我們通常習慣是帶著驚歎號，而不是用問號與人交談。」

開始採用提問形態、鼓勵組織文化接納並欣賞提問的領導者，通常會遇到兩種抗拒。第一種抗拒來自那些對領導者越來越多的提問感到措手不及的人，這種人習慣接受領導者告訴他們答案，而不

是問他們一大堆問題。這種人有依賴答案的傾向。第二種抗拒來自組織內無法適應提問形態的領導者，他們認為自己的權威來自於提供答案。這種人有依賴告知的傾向。

如何應對依賴答案者

　　在開始大量採用提問形態時，領導者必須了解，一般人也許還不明白或不信任這種新的運作方式。如果領導者原來一向扮演解決問題、提供資訊和所有答案的角色，那麼在開始轉變成提問型領導方式時，會讓那些原本依賴你的人覺得他們被拋棄了。他們可能會以為領導人正在進行某件祕密計畫，或覺得領導人問問題是想抓他們的小辮子。面對下屬有這種想法、甚至抱持懷疑態度時，領導者應該怎麼處理呢？克拉克－艾普斯登（Clarke-Epstein）建議剛開始採用提問型領導方式的領導者：待之以誠、領頭去做。[11]坦白地告訴下屬，你重新考量過領導方式，而其中一件你認為很重要的事，就是你決定改用提問型的領導。這麼一來，你的聽眾在你提問時便有心理準備，而你也要向他們保證，你的問題並非別有用心。只要按照第五章和本章敘述的指導方針做，那些來自有依賴答案習慣的抗拒力量就會漸漸減少。

　　如果你提出的激勵性問題，是出於真心想學習而非責難，而且讓對方用他們自己的方式與足夠的時間回應，然後你用坦誠、不帶批評的態度聽他的回答，接著在對話後採取後續行動，大家就會逐漸了解，他們並沒有被你拋棄，也沒有什麼祕密計畫在進行。此外，如果你以身作則，提供一個有利於提問、挑戰現狀、欣賞及獎

勵提問的安全環境，你就能讓那些依賴成性的人戒掉這個壞毛病。

同時，依據康菲石油馬克・哈普的建議，較明智的做法是一步一步慢慢來：

如果我有機會再度改變領導方式的話，這一次，有幾件事我會選擇不同於前的做法。我一開始轉變領導方式時，從原來完全由我做決定，一下子變成我問很多問題、卻很少做決定，這個做法太快太突然。從這個經驗，我學到的教訓是，慢慢的改變，讓大家逐漸適應可能更有效。

如何應對依賴告知者

第三章我們討論過，在部門或組織裡的其他主管對你推動提問型文化的種種抗拒理由，因為他們認為這麼做會削減他們的權威。他們可能是因為技術比人強，或是從不失誤而慢慢爬到主管的位子，所以他們會把提問式領導看成對他們成功之道的直接打擊。就像艾倫・沃茲爾（Alan Wurtzel）一樣，要他們說「**我不知道**」四個字，可能太難堪了。有些人可能覺得這麼做會完全喪失控制權力而抗拒整個理念。有時候，他們害怕提問會讓他們聽到一些不想聽的資訊。

一般人對改變的抗拒其實不如對他們**被迫改變**的抗拒來得大；換句話說，要讓他們接納提問型領導的方法就是要求他們去做，而不是告訴他們去做。若非要求他們出自本性去做，而只是告訴他們去做事，只會讓人產生更強的自我防衛和抗拒，因為這麼做破壞了

他們的信任感，特別是當你告訴他們本身需要改變的時候，抗拒就會更大。為什麼？當我們告訴某人要他用別的方法做某事，而且為什麼那樣做很重要的時候，我們隱隱約約地 ── 甚至於有時是不自覺地 ── 透過這段話，傳達了一些訊息：「我的方法比你的好」、「你不行，你的方法不對」。所以提問型領導者會促使組織裡的其他主管採用提問方法領導下屬。

　　你也要想辦法不讓團隊中的主管產生一種再常見不過的想法：如果不強烈表達自己的意見，就不會受到尊重。蓋瑞・柯恩（Gary Cohen）在《領導者只管提問》（*Jast Ask Leadership*）引述一個研究結果，顯示百分之九十五的員工都比較喜歡被問問題，而不是被告知該怎麼做。[12] 讓員工和同事一起參與決策過程，能建立一個活力十足、士氣激昂，充滿創新解決方案的工作環境。當你提問的時候，同時也會展現出對他人的尊重，而別人也同樣會尊重你。柯恩表示，就是這麼簡單。

　　下面的幾個提問方式，可以讓其他主管了解提問型領導方式和提問型文化的重要性：

- 你希望下屬自己解決問題，還是希望他們都來找你幫忙？
- 我問你問題時，你的感受如何？
- 你為什麼會覺得提問型領導令你不安呢？

　　記住你是要用上述這些或類似的問題打開對方的話匣子，而不是要贏對方或引起辯論。如果你在問這些問題時真的遇到抗拒，最

好的方法就是靜默不語。你一定要給對方時間想想。對方必須仔細
思索你為什麼現在要問這些問題，才能想清楚他要如何回答你的問
題。我們常常會忘了或很難跳脫自己的觀點去看事情；我們只看見
從自己的觀點覺得重要的地方，但也許對別人而言卻未必重要。對
於他們一向贊同的想法或他們參與創造的變動，若強要他們改變，
通常會心生抗拒。正如我說過的，問題會把大家推向一個充滿可能
性的未來。做為領導者，我們提的問題應該為周遭的人提供更多的
支持，而不是壓力。

開始做！

　　根據艾德格·史甘的說法，做為一個領導者，最重要的角色應
該是，在組織或團體裡創造建立一種文化 —— 一種有行動、價值
觀、有遠見和基本立場的企業文化，能夠欣賞高品質、願意冒險、
團隊合作、專業倫理、成功和結果。[13]要想建立這樣的文化，最有
效的方法是領導者所問的問題 —— 這些問題能激發靈感、澄清疑
慮、產生動力，激起並且能解決有成效的衝突。

　　所有的企業都可藉由鼓勵提問來強化公司文化。領導者必須以
身作則、推廣支持提問的價值觀、確保建立一個容許挑戰現狀的安
全環境、找機會提問、獎勵提問者及提供必要的訓練。

　　要創建一個提問型文化還要做些什麼事？康菲石油的哈普說，
你只要踏出第一步就行了。「對其他想採用提問型領導方式的人，
我的建議是，開始做！我已經看到許多顯著、正面的結果，我向每

個人鄭重推薦這個方法。」

問題思考：

1. 我該怎麼做才能讓組織成為一個提問及學習性組織？

2. 我該如何用提問以身作則，建立提問型文化？

3. 哪些組織裡的價值觀及程序和提問型文化互相衝突？

4. 我要如何為別人創造更多提問的契機？

5. 我該怎麼鼓勵和獎勵提問者？

6. 我可以使用什麼策略，在談話中鼓勵更多對話產生？

7. 我們該如何放慢節奏，才有時間思考並提出更好的問題？

8. 我們可以在組織裡提供什麼樣的提問技巧訓練？

9. 我該如何處理別人對提問法的抗拒？

10. 我該如何將依賴告知的文化，轉變為鼓勵自由提問的文化？

領導者提問指南

chapter 7

用提問法管理眾人

　　領導者所問的每個問題，都可能給受話者獲得充分授權的一個絕佳機會，給他們一個以前從來無法做某事的機會。提問法能夠創造信心、提升學習、發展能力、深入觀察。提問法可以把組織內的每個人改善得更好，促使他們對組織和社會做出更好的貢獻。

　　肯塔基州（Kentucky）萊辛頓市（Lexington）的以馬內利浸信會（Immanuel Baptist Church）牧師榮恩・埃德蒙遜（Ron Edmondson），身兼公司負責人與靈性領袖，擁有超過三十年的領導經驗，他與我分享十二個最能賦權他人的問題：

- 我們可以從這件事學到什麼？
- 你了解我請你做的事是什麼嗎？
- 我可以怎麼幫你？
- 下一步是什麼？
- 我們應該將最大的能量放在什麼地方？
- 我們遺漏了什麼？忘記了什麼？
- 我們下一次要如何做得更好？
- 你覺得如何？

- 我們可以改變什麼，讓你的工作時間更有品質？
- 如果你在我的職位，你會採取何種不同的做法？
- 你享受你的工作嗎？
- 我該如何改善與你的溝通？

本章將探討領導者應如何使用提問法管理部屬 —— 領導者如何用提問法加強部屬的直屬報告關係、協助他們成長，並且鼓勵行動和創新思考。我也將再回顧新進員工受訓時該問什麼問題、如何設定目標、指導業績評估、領導幕僚會議等等其他主題。

建立充分授權的關係

《好問題建立好關係》（*Power Questions*）的作者安德魯．索柏（Andrew Sobel）及傑洛．帕拿（Jerold Panas）指出，「單純告知會導致抗拒，而提問能與對方建立關係。」[1]布拉克指出，領導者若能了解到，我們所問的問題、我們的省思和與其他人的對話，這些事情本身都是很重要的行動，我們就能夠為別人開啟無數絕佳的可能性。[2]因此，就算被問問題的人還沒回答或是不做回應，我們也已經在彼此間建立了一個良好關係。透過提問，領導者創造了一個真正的責任感、承諾能夠交集的社交空間，使這個團體有無限的發展機會。

第四章曾提及，不幸的是，許多領導者採用的問題並未充分授權激勵部屬，反而讓他們感到挫折，那些問題導致的只是反應而非

創新。如果領導者問的是打擊人心的問題，等於自鎖於成功之門以外。反之，激勵式問題可以促使別人思考，從而發現他們自己的答案，體認到自己的責任，然後對產生的結果有自主權和認同感。

　　但是，激勵式的問題並非憑空而來，需要為回答問題的人量身打造。提問應該因人而異，要依每個人的個性、思考方式、技能和其他因素決定。美國國防部國家安全小組的主管蘇珊・米其林說，要就不同的人找對提問形式，得花點時間測探。

　　對我而言，最有用的問題，是那種能讓我得到我想要的答案的問題。我不斷地反覆摸索，對每個人提問，直到我了解他們、知道他們怎麼想為止。我用符合我們組織的思考模式或策略的問題提問。舉例來說，我們的科學家堅持對所有人先做簡報，因為他相信他的工作非常重要。我同意，但是我問他：「你有沒有考慮過先向部長簡報？如果他同意了，其他人就更容易對你的企畫案表示支持。」

　　我會問深入尖銳的問題，是因為我的部屬希望維持良好的表現，我也要他們有好的表現，目的是讓他們自己去學習。不論他們想要做什麼，我都盡力幫助他們。這些問題是一種催化劑，誘發他們學習原本就深藏腦海中的東西。有些思考不著邊際的人，像是我兒子羅伯，就需要知道如何用細節思考，因為他們的想法是塊狀思考，所以我要他們了解「細節」思考者──那些他們可能要說服的對象──是從許多小事情做線性思考的。

　　我覺得最有用的問題，是那些讓人學會從別人的角度看事情而自我反省的問題。每當我問一些員工「你會如何做這件企畫案？」我會

得到一個直接的回答。我所謂的直接，是說我可以指示他們做事，而他們也用直截了當的態度回答我。

對其他那些思考不著邊際的人，我就得跟他們兜圈子。問一些問題如「先問問看吉姆的想法會不會比較妥當？他是否可以幫上你的忙？」對這類型的人，你得慢慢地幫他釐清思緒，再和其他人提出不同的問題，幫他們想出一些以前從未有過的想法或是做法。

其實使我們陷入麻煩的，通常是沒有被提出來的問題。所以，另一個很重要的問題就是「哪些問題是我還沒問自己或員工的」？

新加坡的暢步組織發展（PACE OD）顧問公司董事彼得‧鄭（Peter Cheng）告訴我，有必要在提問時創造一種急迫性，因此提問者提出的疑問能「促使對方主動為自己、為整個組織負起完成任務的責任」：

我還是某間健康保險公司的行銷主管時，老闆問了我一個問題，讓我全身為之一震，湧現一股想要行動的迫切感。當時她帶我到倉庫，站在堆積如山、快要過期的維他命（上架期不到十二個月）之間。任何上架期不到十八個月的商品，都會被視為「品質不佳」。因此，當我的總經理站在一箱箱庫存前問我：「你要怎麼做？」當下我完全不知道該說什麼才好。我受到激勵，迅速展開行動，總算出清了不少快過期的庫存，也將庫存報廢損失降到最低。我學到的一課是，當提出「令人不安」的問題時，原本的思考和行事模式會產生巨大的轉變，也會產生想要行動的急迫感。將「令人不安的提問」和手邊出

現的難題結合時，便能有效地讓員工增強迫切感、展開行動。

我常常使用的兩個問題是：

1. 如果你不處理這個狀況，可能會產生什麼後果／結果？（幫助對方思考某件事的理想狀態和現況之後，再提出這個問題。）
2. 如果你搞錯了怎麼辦？會對你的職位造成什麼影響？提出「如果」開頭的問題，能讓對方用合理的不同角度來思考，如此一來，對方就能做好萬全準備、想好應變計畫，以備不時之需。

強調價值的問題可以幫助彼此建立關係。惠特尼（Whitney）、庫普瑞得（Cooperrider）、楚斯登－博隆（Trosten-Bloom）和卡普林（Kaplin）都建議問一些與價值觀有關的問題，諸如「本公司的哪一點最吸引你？它對你和你的生活有任何貢獻嗎？我們應該怎麼做才能在這個組織內做出那樣高品質的東西？」他們還建議用所謂的「首屈一指的問題」，意思是說，這些問題可以把好的組織表現發展到淋漓盡致，同時也會讓員工滿意度達到最高。舉例而言，「可否說一說你是怎麼把你自己和你做事的方法推到極致的？這些技術或行為對你的部門有什麼影響？對整個組織又有什麼影響？」[3]

建立直屬報告間的指導關係

人類心理學先驅卡爾·羅傑斯（Carl Rogers）說過，我們幫助

別人改變時有三個必要條件：真心、設身處地為人著想以及正向的
關注。[4]羅傑·卡克赫夫（Roger Carkhuff）則提出另外三個條件：
尊重、確實和自白，這三點可以同時更強化人際關係與事情的結
果。[5]據羅傑斯觀察後建議，在與部屬建立關係時，就如第五章說
過的，我們的問題必須展現誠意及學習的心態，我們聽他們說話時
要很專心、要站在對方的立場想，更要對所得到的回應表示感謝。
卡克赫夫的另外三個條件則告訴我們，問題應該是激勵性質、要明
確，同時，我們也應該用歡迎、開放的心態回答屬下的提問。

　　就如前面所言，今天的領導者所扮演的最重要角色是，屬下的
教練和老師。康菲石油的馬克·哈普說：「在處理直屬報告的個別
指導時，我會從提問開始。」當我們用一種暗示對方「我們在這段
共事過程中是他的夥伴」的態度提問時，可以在彼此間建立一個相
當穩固的關係。

　　比昂可－馬提斯（Bianco-Mathis）、諾伯斯（Nabors）和羅門
（Roman）發展出一套很有力的模式，只要依下面這些步驟發展、
實行，就可以用支持的教練型方法幫助屬下：

1. 透過省思、學習、誠實和決心建立關係。
2. 從探詢、支持、反彈和自我管理等方面分析經驗。
3. 處理你所獲得的回饋，了解它。
4. 從對話、省思、解決問題、決策制訂和冒險等方面計畫行動。
5. 用公開、勇敢和承諾學習的方式採取行動。

6. 持續地評估每個過程。[6]

善念機構的蓋姬特・霍普告訴我，她如何從老闆的角色轉變成部屬的教練角色：

大約四年前，我開始和一位執行教練一起共事，他幫助我看清楚我與領導團隊之間的互動關係，也幫我增進自我認識。那時候，教練和我討論促進部屬間互動的新方式，像是採用提問法而不是告知法。過去我一直習慣於提供答案，而非授權讓他們自己解決問題。我會自動假設，如果有人帶著問題來找我，一定是希望我幫他解決問題。透過教練指導方式，我才發現這麼做非常令人挫折，但若是我把問題丟回去給他們，效果反而更好。這一點讓我開始積極地練習新做法，並強迫自己用教練法引導他們。

我漸漸了解到，解決別人的問題有多累。為他們找機會去解決他們的問題，反而更為有效。所以此後只要有人來找我，我不會再急著告訴他們該怎麼做，我開始這麼回答：「嗯，我相信你一定好好想過，而且已經有你自己的看法了。你有什麼想法呢？」這種問法非常有效，會讓對方知道我尊重他們的知識和經驗。我相信替人解決問題是在告訴對方，你不認為他們可以自己解決問題。有很多時候，他們其實早想到答案了，只不過想藉由別人來驗證一下罷了。現在，我就給他們機會這麼做。

卡拉維拉資訊顧問公司的湯姆・賴夫林發現，他和幕僚建立關

係時，有三個問題特別有效：

- **我可以如何幫忙你？**這個問題會引起很多驚人的反應，也會立即顯示對方真正想要什麼。有很多時候，他們只是想要你答應讓他們執行自己的策略。有些時候，他們可能只是想獲得一些建議，或者只是要讓你知道而已。
- **你會怎麼做？**我已經察覺到有一點特別重要，那就是去發掘別人如何反應他們自己的困難或問題。
- **別人（比方說，競爭對手）會怎麼做？**

優秀的領導者會把每一次遇到的情形視為一個指導對方的機會。指導的關鍵技巧就是提問的藝術。提出新鮮的問題會激發對方思索、探詢、研究。

培養自省和學習心態

自省包括回想、考量、分解、合理化以及嘗試了解。培養自省的能力有助於激發個人、智力、體能和社交等方面的成長。當一般人開始發現需要在他們的信仰之外去找尋答案，或者他們現有的世界觀遭到挑戰時，自省有助他們體驗「突破性的學習」。鼓勵自省的問題，是打開驚人的學習——也就是美茲羅（Mezirow）所謂的**轉變性學習**——的關鍵之鑰。[7]提問法使個人獲得雙向學習（當某種情況出現時）以及三向學習（系統內的某事導致某種情況的出

現）。

自省也能增進自我認同，會讓人更真誠地關心他人。當我們要求別人自省時，仔細的觀察，你會對他們有更深層的了解。換句話說，當一個人對自己更了解時，他才能用更完整的方式表達自己。諾華集團的羅伯·霍夫曼提供了一個例子：

我記得我曾與一個非常傑出的人共事，但我們倆在很多事和方法上一直有爭執。他的很多想法和我的大相逕庭。我很快就發現，提問是找出他真正想法的最有效方法。我會這樣問他：**當你這麼做的時候，腦袋裡在想什麼？**是什麼樣的判斷讓你採取這些行動？這些問題的結果是信任和一段很好的工作關係。

霍夫曼不了解他的同事的想法，他用提問法鼓勵同事反思，從而讓自己對他有更多了解。當然，我們在要求別人反思、然後把他們的想法告訴我們時，很重要的是，彼此之間能否互相信賴。

在天然氣及石油產業擁有將近三十年經驗的麥克·史戴斯發現，開放性問題是最為有用的提問，例如「你是怎麼得出這個結論的？」或「你是何時發現你需要展開行動？」麥克表示：「這類型問題能讓我觀察回答者的思考過程，也能讓我得知在導致某個特定決定或行動的背後，曾發生哪些一連串事件。」

對於激發自省、學習和事業發展，惠特尼等人建議可以採用以下幾個問題：

- 你如何學得更好？

- 你如何培養自己的生涯發展？

- 為何這是一個非常值得學習的經驗？

- 你的經驗中，最具挑戰性和最令人興奮的事業發展機會是什麼？

- 什麼原因讓它具挑戰性和令人興奮？

- 你從中獲得什麼好處？

- 組織又能獲得什麼好處？[8]

當然，我們也需要幫助自己做省思。照詹姆斯・錢辟（James Champy）的說法：「聰明的人學會用自我反省淡化他們的野心。他們對忠於自己的價值觀、對這個世界和他們自己都看得很透徹，對時間、能力和動力這些會限制一個人尋夢的資源，他們也會做最有效的運用。」[9]

問題會挑戰一個人所受過的教育知識，或者如史甘提過的說法：「使用中的理論」。[10]當問題讓我們去聽對方說話時，省思式的探索會引出對話和相互的支持。貝斯（Bass）指出，先要以省思做為思考的模式，一個人才會改變他的態度、假設和價值判斷。[11]若無自我認識做基礎，一個人是不可能改變的。

彼得和莉莉・鄭（Lily Cheng）擁有的新加坡公司，旨在訓練領導者如何提出更好的問題。他們開發出一份能有效應對不同情境的問題清單：

1. 「做得到」問題。適用於下屬失去信心、執行任務時靈感枯竭，或工作表現不佳時。

2. 「缺口分析」問題。當你必須判斷員工需要做些什麼，以達成期望中的工作目標時，便能採用這類問題。

3. 「吸引式」問題。適用於其他人不「買單」你的點子時。

4. 「重組式」問題。讓領導者協助其他人停止抱怨，開始看見新的可能性。

5. 「建議式」問題。當其他人尋求建議，或領導者發現能力或知識出現缺口時，便能採用這類問題。

6. 「行動」問題。這類問題效果十足，能鼓勵對方展開行動、付出承諾。

鼓勵行動與創新

　　一旦提問把大家從現在式向前推到未來式，它就會把關於問題和可能性的對話轉變成行動。瑪瑞麗‧古登伯格強調，在我們一生中，無數次經由它催化 —— 甚至透過它獲得證實 —— 而產生、發展、完成及不斷成長的事情裡，在在證明提問是人類生活中一項極重要的工具。[12]因為從本質來看，提問與行動是互相關聯的，提問引起人們直接的注意、理解、能量和努力，也是我們生命演化形態的核心。康菲石油的哈普採用不同的問題刺激創新和行動：

● 可行的替代方案是什麼？

- 你在這個建議案中看到什麼優缺點？
- 你可以把你的看法說得更清楚一些嗎？
- 你的目標是什麼？
- 目前的現狀如何？
- 有哪些改善的選擇？
- 你什麼時候可以開始做？

要鼓勵創新和行動，領導者應該鼓勵大家思考他們自己的解決方法，而不是給他們解決問題的答案。領導者要問「你覺得真正的問題在哪裡？」或「如果你朝那個方向做，可能會有怎麼樣的結果？」之類的問題。

彼得・費爾（Peter Vaill）認為，提問可以幫助人們看到更多的可能性，同時找到他們從未想像過的無數新資料。[13]當責創新顧問公司（Strategos）董事長蓋瑞・漢米爾（Gary Hamel）說，有創意的人通常透過四層濾鏡看事情：他們找尋並挑戰常規；他們在世界各地找尋改變的機會，而且很清楚這些革命性的改變潛力所在；他們會為客戶及他們的需要著想；他們把組織看成技術場所而非企業。他們不斷問同一個問題：「我要如何重組我所知道的一切，再創造新東西出來？」[14]

品德咖啡公司（Ethical Coffee Company）總裁尚－保羅・蓋拉德（Jean-Paul Gaillard）曾是莫凡彼餐飲集團（Movenpick Foods）和雀巢美國分公司（Nestlé USA）的執行長，也曾任菲利普莫里斯歐洲區（Philip Morris Europe）和華納電子（Warner Electric）的行

銷經理。多年的資深經理人經驗，讓尚－保羅發展出針對用提問法提高生產力並激發出行動的見解與策略：「不管是對自己還是對別人，都要提出同樣嚴厲的問題。人們受到挑戰時，往往會付出更多，而非更少。提問可以提振人們的情緒。我喜歡用提問讓別人朝遠大的目標邁進。」

尚－保羅強調：「讓人們傾注全力做事，是件重要的事，但不能過頭。提問法應當要創造出挑戰的機會。應當要提出開放性的問題，但也要集中焦點，才不會降低問題帶來的碰撞與益處。有明確目標的好問題能讓人們超越當前的生產力水準，甚至超越自己的期望。」

巴思第（Bossidy）和查朗（Charan）指出，領導者所扮演的最重要角色是，創造下一代的新領導者。[15]諾基亞前人力資源主任潘提·辛登曼拉卡曾經告訴我：「領導者要激勵別人，將他們早先未曾到過的境界展示給別人看。好的領導者會為他人指點一條自我領導的道路。」領袖對領袖學院（Leader to Leader Institute）董事會主席法蘭西絲·海索本對此說法甚表同意，她說：「建立一個能穩定成長的組織是領導者最主要的責任，當完成今日的挑戰後，明天，你的組織還有沒有精力繼續成長？」她說，要建立穩定成長的組織有兩個重要關鍵：不斷培養出成功者，「不是指定一個人選就行了，得要有許多有才幹、有潛力的領導人」同時，「要在組織的各個部門培訓領導人才，直到各階層都有領導者為止。」[16]

提問及協助他人掌理自己的生活，是建立自身領導能力的關鍵因素。你可以問每個人，是什麼因素鼓舞他們找機會發展自己的想

法、讓別人聽到他的想法，以及用行動試驗他的想法。

科萊特集團的傑夫‧克如爾告訴我：「員工，尤其是你的直屬部下，需要有機會向你學習 —— 學習一切與你工作有關的事 —— 因為也許有一天他們必須負起更多責任，特別是一些目前你負責的事，這樣才能讓他們和你一起成長進步。」

TESOL 公司的尼爾‧安德森（Neal Anderson）最常問的一個問題是：「你今天做了什麼增進領導技巧的事？」[17]執行教練伊莎貝爾‧瑞馬諾奇說，她協助人們成長，並「透過把注意力放在提問而非答案上」幫助他們成為領袖。常見的現象是，員工過於依賴領導者，指望他們提供答案，好像領導者知道天下所有事情一般。「我們全心依賴、信任他們的知識與智慧，同時，就算他們不認為自己有答案，也會想辦法找出答案 —— 而且從無意外 —— 他們總是會找到答案。」瑞馬諾奇又說：「這些領導者內心會產生一種巨大的轉變，因為他們強化了自我認知，並且相信，他們內心深處有某種智慧可以被發掘出來解決這 些問題。」

管理與關鍵員工的互動

身為領導者，我們常常非正式地與幕僚碰面。但是除了這些日常工作之間的互動關係，有時候也會因牽涉到雇用新人、業績考核等等，使我們與幕僚間產生更多正式的互動。提問有時可以使這些很官僚的部分變得更有趣，而不僅僅是填空式的例行工作。

計畫與設定目標時該問的問題

　　領導者應該固定與幕僚開會，討論企畫案、活動、注意事項或議題等等。通常這些會議都是經由「星期五下午三點以前向我報告」之類的通知設定的。其實在計畫與設定目標時，領導者可以先問一些問題，這些問題將會導引出更好、更有效的行動：

- 我們需要完成什麼事？
- 你認為怎麼做最實際？
- 你計畫如何達成這個目標？
- 你會找什麼資料？
- 你需要什麼協助？

　　在追蹤計畫進行的過程中，你可以透過一連串不帶威脅感的問題引導你的同事，使他們的工作更順利進行。這些問題如下：

- 星期五下午要交的報告，你做得還順利嗎？
- 你有足夠的資料嗎？
- 如果我們先就這個報告的某些論點做討論，會不會有所幫助？

　　上述這些問題，會促使別人對你所要求的目標先做省思，也會讓他們積極參與那些必須完成的部分。如果真的有問題產生或有某

些誤解，透過這些不帶威脅感的問題，也可以有機會在行動完成之前趁早發現一些潛在危險。[18]

嘉吉啤酒公司的道格拉斯·伊頓說：「對我而言，有效率的問題都與完成目標有關。我經常問的問題是『你今年設定的目標是什麼？』『今年你究竟想完成什麼？』『如果你真的達到那個目標會怎樣？』找出目標，可以幫助一個人按照優先順序做事，並且知道依照目標按部就班去做，對發展良好的關係大有幫助。」

在設定目標和決定策略的過程中，李茲（Leeds）列出幾個其他類型的問題可供提問：

- **把注意力集中在某一點上**：你為什麼認為約翰覺得接受這個挑戰會有困難？

- **蒐集資料**：有什麼最好的方法可以從這一點到那一點？

- **找出原因或關聯**：鮑伯與這個企畫案的衝突會如何影響整個過程的進行？

- **測試觀點**：假設我們這麼做，會發生什麼事？

- **使討論不離主題**：我們可不可以回到原來的主題或重點？

- **引導大家說出自己的意見與態度**：我們對此事的看法怎麼樣？

- **引導大家就某個共識觀點說出自己的反應**：你覺得如何？

- **建議行動、意見或決定**：如果你做了（某事），你想結果會如何？[19]

　　對於那些抗拒提問的人，應該在何時、在何地提問是非常重要的。就如第六章所述，面對那些不願意在大庭廣眾下發表意見的人，剛開始時，你可能需要在私下獨處時提問，這樣會讓事情順利些。過一陣子之後，不論在什麼場合，他們可能就會對提問和回答問題更有信心和信任感，也更能坦然接受。

考核業績時該問的問題

　　考核業績對主管和員工雙方都是很可怕的經驗，絕大多數人寧願不要面對考核面談。不過，考核時所問的問題可以使雙方都更有收穫 —— 甚至更有趣。艾伯特實驗室的蘇‧惠特是輝瑞藥廠藥物管理營運的全球研發部門資深副總裁，同時也是帕克戴維斯公司（Parke-Davis）的全球科技營運副總裁，她特別鼓勵領導者在考核業績時提問：「我發現提問對我的員工都很有用，對改善業績更是重要。在考核業績時提問可以很有用，因為這些問題是為他們量身打造的。透過我提的問題，他們就知道自己的行為會對他們原先想做的事發生什麼不良後果。」

　　克拉克–艾普斯登在她就領導者應問哪些好問題的一項研究中，收納了許多建議，對考核員工業績時的提問十分有效：

- 你的工作對公司的成功有什麼貢獻？
- 你如何讓你的工作更有效率？
- 你覺得誰會是我們的競爭對手？你覺得他們怎麼樣？
- 你在工作時遇到哪些阻礙？

- 領導團隊對你的工作造成哪些阻礙？
- 公司的溝通管理決策應該怎麼做才會更有效率？
- 如果你能夠在組織裡改變一件事，你會做什麼？
- 你希望公司可以提供哪些對你有幫助的福利？
- 在這個團隊裡工作，覺得如何？
- 什麼事讓你對為這個組織工作感到驕傲？
- 在過去這一個星期，你學到什麼？
- 你的工作帶給你什麼樣的成就感？
- 你的生活意義是什麼？[20]

　　類似這樣的問題甚至可以在事前就提供給員工，這樣一來，業績考核時就會形成一個對話，而相對產生的行動和學習的結果對各方都有利 —— 員工、主管、甚至整個組織都將受益。

　　大衛‧司密克在大公司工作的經驗超過二十年，他說，永遠都還有一個問題要問：「最有力的問題是我總是放在最後才問：**有沒有任何問題是我該問而沒問的？如果有，我們可不可以現在討論一下？**在大多數情況下，你不會相信我可以因此有多少額外的收穫。」

　　馬里蘭化學公司（Maryland Chemical Company）總裁珍妮特‧帕特洛（Jeanette Partlow）說，在業績考核時，她最常用下列這些問題：

- 你的目標是什麼？

- 你的表現如何？
- 這兩者之間有沒有落差？
- 造成落差的原因為何（不論正面或負面）？
- 基於這一點：不論是彌補負面的落差或維持正面的進展，下個月你會繼續怎麼做，或是開始做什麼、停止做什麼？

提出回饋

在業績考核的過程中，許多領導者可能覺得他們應該提出一些「有建設性」的回饋，而不是正面的問題。如果有必要提出建設性的回饋，最好的方法是，問他們覺得應該怎麼做最好。大多數的情況下，員工都十分清楚自己的缺點。等員工把缺點列舉出來後，你可以提出你認為最有效益的一兩點，建議他們改善。這樣可使你保持指導教練而非批評的立場。根據辛登曼拉卡的說法，在提供回饋時，使用提問法會格外有效：

提供回饋時有幾個基本法則，第一個就是讓對方先提出他們的改善辦法。通常這時候，他們會很開放也很挑剔。然後你再提出你的改善辦法，但是要用提問法來做：「在這個案子裡，你覺得你的表現是最理想的嗎？你有需要改進的地方嗎？如果有機會讓你重做這個案子，你會有哪些不同的做法？」

員工應該知道自己的優缺點，最好是他們自己先弄清楚，大部分的情況下，應該由他們告訴你，而不是你去告訴他們。雖然情形因人而異，但我發現下列幾個問題最有效：

- **詢問**：你為什麼要這麼做？我們到底應該怎麼做？
- **具體化**：你可以舉一些例子嗎？
- **探索**：你可以就為何你會有此結論做更詳細的說明嗎？
- **挑戰**：你難道就沒有其他方法了嗎？
- **指導**：你從這個過程中學到什麼？
- **再教育**：我們的問題到底在哪裡？你可以找到完全不同的解決方法嗎？
- **概述**：我們大家都同意這樣嗎？你會如何概述你的解決辦法？

鼓勵大家提問和回答問題

　　基於業績考核時的利害關係和高度壓力，我們應該諒解員工可能對在當時針對他們所提出的問題不願或不想作答。你的部屬可能會懷疑你是否真的想知道他們的想法，而且他們也可能會擔心自己回答錯誤或答案很笨、令人難以接受等等。

　　對於如何讓員工暢所欲言、提問或是回答問題，馬歇爾·古得斯密發現下面這些建議十分有效。古得斯密建議領導者，用六個討論重點來建構對話，從仔細描述每個重點開始每一段對話，這樣對方就不會覺得被設下圈套，或是和你在玩「猜猜看領導者想要幹什麼」的遊戲。每個問題可以幫助對方了解你在試著教他們什麼事，或者你想達到什麼目的。領導者要很小心地考量每個問題可能會造成的影響。

1. **我們要朝哪個方向做？**我會告訴你，我認為我們該朝哪個方向做，你也要告訴我，你覺得我們該往哪裡做。

2. **你哪裡做得很好？**我會讓你知道，我覺得你哪裡做得好；你也告訴我，你認為你哪些地方做得好。

3. **你會朝哪個方向做？**我會告訴你，我看到你往哪裡去；你告訴我，你覺得自己正往哪裡去。

4. **你會建議自己做什麼改善？**我會告訴你我的建議，你告訴我你的建議。

5. **我能怎麼幫你？**我會把我認為可以做的事加上去，你告訴我可以怎麼幫助你和支持你。

6. **你對我有什麼建議？**我會告訴你，我認為我需要做什麼；你告訴我，你覺得我還需要做什麼。[21]

如果一切進行得很順利，業績考核就不會只是指責和否定對方的過程。如何讓考核過程變成主管與部屬雙方都能互相學習的機會，關鍵就在提問。

對新員工要問的問題

剛開始工作的幾天，是領導者協助新進員工熟悉新環境與對組織領導方式產生信心的最佳時機，你可以利用這段時間讓他們了解，你想知道並會認同他們的想法，你也會激發並鼓勵每個人採取行動。在最初的幾天內，下面這些問題將會很有用：

- 你為什麼決定為我們工作？

- 你會如何描述我們的組織？

- 有哪個很好的問題可以讓我去問新員工（或是老員工、顧客或其他人）？

- 你有沒有任何問題？

- 你需要學什麼 —— 不論是技術上或是個人想知道的？

- 你在五年內想要做什麼？

克拉克－艾普斯登建議那些引進新領導者的人，問他們下面這些問題：

- 你覺得我們為什麼要訓練你做一個新領導者？

- 你曾經做過最好的領導工作是什麼？

- 你覺得要做一個偉大的領導者需要學習什麼？

- 我們可以如何支持你變成一個領導者？[22]

剛成為新領導者時是你最好的機會，你新鮮的想法將是你的最佳武器，因為在那時候，同事會特別容忍你提出的笨問題（或是瑞溫斯說的**新鮮問題**）。這時候你可以問為什麼組織要做這做那，或是問其他員工他們最討厭組織的哪一點。這時新領導者可以問同事的最佳問題是：把事情做好的最大阻力是什麼？

結語

　　善用問題可以幫助你成為一個更優秀的領導者，還能從你的部屬身上激發出更強有力的結果。另一個好處是，向你的同事提問可以幫助他們也變成提問者，同時也會讓他們將提問視為生活的一部分。嘉雅・沃里爾（Jayan Warrier）是自由領導（Latitude Leadership）顧問諮詢公司的負責人，也是行動學習全球學院新加坡分部（World Institute for Action Learning-Singapore）的共同負責人。他告訴我，一個強而有力的問題怎麼讓一個人產生自我轉變：

　　好幾年前，我在一間大公司擔任工程師，被要求參加為期三個月的領導培訓課程。當時，除了完成交辦的工作任務，我的人生似乎沒什麼太大的進展。我就像班上考第一名的聰明學生，但過得一點都不快樂，也和自我失去了連結。當時我的小組長快要對我失去耐心，他看著我問道：「到目前為止，你覺得你的人生成功嗎？」我不知道該怎麼回答這個問題，也沒法立即回應。但是，那個問題在我心中引發出更多問題，讓我開始思考究竟什麼是人生，以及我對成功的定義。從那時起，我開始對人生做出諸多改變，雖然有時很痛苦，但都非常值得。我認為這個問題對我來說是無價的。

　　費爾指出，自我認知與敏銳地了解個人動機，是所有領導技巧中最難的一點。[23]透過訓練、教導，促使他們練習自省，必有助他們成為一個優秀的領導者。透過提問方式，願意改變、學習，是培

養領導者的首要條件。

問題思考：

1. 我要如何用提問法激勵其他人？

2. 我要如何使用提問法促進同事和下屬的深度思考和學習？

3. 我可以提出什麼問題，幫助其他人更順利地解決自己的難題？

4. 我要如何用提問法引發更多行動和能量？

5. 哪種問題能幫助我和其他人建立領導技巧？

6. 對制訂計畫與目標而言，哪些問題是最好的？

7. 績效考核時，我可以問哪些問題？

8. 什麼樣的問題最能幫助新進員工？

9. 我該如何運用提問法來提供回饋？

10. 什麼樣的問題能引發更多創造力？

---

chapter**8**

用提問法建立團隊

　　從資深執行團隊、跨領域團隊到企畫團隊、虛擬團隊，團隊的工作形態統合了今天的組織生命。彼得‧聖吉認為，團隊已成為每個大企業內最重要的一個構成要素，也是制訂決策與推動工作的主要單位。[1]湯姆‧彼得斯（Tom Peters）則指出，不論從客戶需求、速度、學習和效率各方面來看，組織裡的工作都必須由團隊才能完成。[2]多年以前，世界知名的人類學者瑪格麗特‧米德（Margaret Mead）說過，我們「絕不應該低估致力改變世界的那一小撮人的力量，事實上，那正是唯一能成事的。」

　　但是團隊都會產生不同的問題。瑪格麗特‧惠特雷觀察發現，在許多組織中，「**團隊**」一詞並不代表「團結」的意思。[3]不幸的是，大多數的團隊在剛組成時就很沒有效率，而其中有很多團隊隨後也沒有太大的進展。許多小組和團隊成員會因為該團隊低效率的生產力，以及因此產生整體的不良互動與風暴而備感沮喪。

　　對大部分人而言，團隊會議是團隊問題的象徵。這種會議中常見的現象是，要討論一大堆的議題，卻沒有時間讓大家提問或充分討論。最後什麼事也沒完成，而同意事項經常無法付諸實行。開會時的溝通是緊繃的、單向的，往往有時很明顯或是隱然地透著敵

意。就算本來開會時有個很清楚的議題，但整個會議的目的還是可能令人搞不清楚。團隊會議本來應該要讓每個人在開完會後精神大振、清楚地知道下一步該怎麼做，以及滿懷熱忱地繼續工作，但是很多時候情形恰恰相反，這種會議反而把所有人的精力和熱忱都榨乾了。

在這一章裡，我要討論的是，領導者將如何使用提問法來改善團隊功能、解決問題及消除衝突。

以教練型提問者的方式領導團隊

比昂可－馬提斯、諾伯斯和羅門將傳統型領導者領導團隊的方式與教練型領導者做了區分，兩者的區別就在於前者用告知法，後者用提問法。[4]傳統型領導者的重點在控制，盡可能將風險降到最低，使自己成為第一個行動者。這種領導者常透過通知的方式下達命令，他們掌控一切改變、隱藏資訊，而且排斥辯論。從傳統的觀念來看，團隊的存在只是為了方便領導者而已。結果整個團隊只能做很有限的發展，依賴領導者、不常提問、做不成什麼事。

反之，採用提問型指導屬下的領導者，會把團隊看成有獨立存在條件的個體，目的是為一個更大的組織效力。這樣的團隊才會有繼續成長的潛力。教練型提問領導者可以使團隊建立一種信任、支持和公開討論的文化。在這種領導方式下，領導者會不斷提醒屬下自身的能力和優點，他們才會不斷地讓整個團隊一起強化力量。表8.1 詳列這兩種不同形態團隊領導者的差異。

表 8.1 傳統型與教練型領導者的行為與造成的影響

傳統型領導者帶領團隊方式	對團隊的影響	教練型領導者帶領團隊方式	對團隊的影響
極力壓抑與控制	發展有限	盡力擴展與協助	團隊不斷重新為生存下定義並成長
帶頭行動	團隊依照指示行動，一個命令一個動作	向團隊解釋說明行動並一起做	團隊重視承諾並信守承諾去表現
在有時間壓力的工作時盡量降低風險	大家想辦法偷懶、只求速成	協助大家行動既快又有彈性；鼓勵有創意的解決方法	大家都積極行動——團隊經常冒一定的風險
下命令	團隊不會參與、不提問，不提另類建議	與團隊協商問題和解決方法	團隊隨時準備出擊——知道領導者會放手讓他們做且隨時支援——學會如何獨立找尋解決方案
與團隊建立上司—屬下的關係	員工因職位被定義、受限	與團隊建立合作關係	團隊成員人人投入並盡其責
隱藏資訊和知識	大家不願多負責任、互不信任	分享知識與資訊	鼓勵分擔責任、建立信任感
總是要命令或控制改變	團隊成員都表現出抗拒、害怕，業績拙劣	就團隊合作嘗試引導和計畫改變	團隊自然看待改變——表現有彈性、適應力強

康菲石油的馬克‧哈普在短期內經歷了兩次成功的合併，他在合併前極困難的處境下組成一個團隊的故事，說明了一個教練型和提問型的領導方式，可以如何建構團隊：

兩年前，在不到一年內的第二次合併之後，我幾乎無法讓我的經理團隊達成共識或全心投入。在第一次合併後，這個團隊中大約只有一半的成員似乎真正願為新組織投入，而我也在想辦法領導我的團隊完成第二次合併案。大概就在那時候，我參加了一個研討會，從一些諮詢顧問那裡得到一些對我個人很有幫助的建議，他們幫我開始採取一套平衡記分卡的管理步驟。

教練介紹給我一套所謂「成長模式」（GROW）的教練型領導法，這是根據約翰‧懷德莫（John Whitmore）的研究而來。[5] 這套成長模式建議最好是透過有效的提問來指導。這些問題會幫助一般人集中精神在他們的目標、現況及改進可有哪些選擇上，最後是他們會如何改進。

類似這樣使用提問法所造成的影響，讓人樂於表達意見，並且把他們的顧慮搬上檯面來討論，因而產生很多正面的結果。自從合併定案後的短短八個月內，已有許多正面的改善讓我十分驚訝，如果用其他方式，很難想像我們是否也能做這麼多改進。以下是一些改進的地方：

● 一個意見更為一致的經理團隊
● 一個界定更清楚的願景和策略
● 一個不再總是討論「老方法」的文化

- 一個充滿活力的組織
- 一個嶄新的企業模式
- 新公司名字和新形象

對組織造成的最基本影響還包括：完成與原定的對象合併、成績甚且超前、員工士氣提升、營運開銷降低，以及在不景氣中保持穩定的銷售量。

另一個類似的案例是，蘇‧惠特曾告訴我有關她如何在輝瑞藥廠與華納蘭伯特藥廠（Warner-Lambert）合併後組成一個新團隊的故事：

在我們和華納蘭伯特合併後，有些人的工作需要重新規畫調整，所以我要求大家先撇下自己的議題。我們必須學習如何互動。我記得當時每個人都面面相覷，沒有人知道自己的角色會不會變動。我很快地發現大家很容易接納提問法。每個人都得學習才會知道該怎麼做。能否提出好的問題是很重要的一點。而我們的提問與相互合作的結果是，我們的老闆們對此印象非常深刻，他們注意到這個團隊非常有效率，談笑間就完成了工作，不像其他團隊爭執不休。

哈普說，他在領導該團隊時會用四種方式提問：

第一種方式是鼓勵大家從不同的角度看事情，在合併前的環境

下，讓未曾發覺的偏見浮現並設法改變，是很重要的一件事。第二種
方法是把所有的問題放到檯面上討論。有很多時候，我發現我並沒有
聽到所有的顧慮，透過小心地使用提問法可以幫我把這些顧慮挖掘出
來。我用的第三種方式是讓每個人參與重要的事件，不是開會就是一
對一的對談。最後一種方式，就是和直屬部下做個人指導時，我用提
問法引導他們。

哈普和惠特的經驗證明一點：一個領導者可以透過各式各樣的
提問及鼓勵別人一起提問的方式，強化團隊。技巧性地使用提問與
鼓勵提問，可以幫助你達成許多特定的目標：

- **一個解決問題的共同承諾**。協助團隊成員了解他們都有責
  任，而且若想成功就得一起努力時，就應該問：**這個問題會
  對我們有何影響？我們需要怎樣的協助？我們該如何改進溝
  通和合作方式？還有誰會對此議題有所貢獻？**
- **共有明確的價值觀與目標**。讓大家一起界定出團隊應達成的
  目標及共同努力的協議，應該問：**我們想完成什麼目標？誰
  有不同的看法？這個目標的終極目的是什麼？**用提問法提醒
  大家，並非每個人都會無條件地同意團隊的目標，唯有他們
  彼此互相提問，才會獲致共同的看法。
- **願意與別人合作、找出策略**。在許多團隊中，成員往往被迫
  處理他們完全沒碰過的問題和狀況（尤其是團隊的組合，就
  是故意要找一些可能有新看法的人，和那些原就對此事有經

驗的人一起組成團隊）。特別提醒大家，團隊中沒有一個人知道所有答案時，要問：**從行銷角度來看此事如何？從製造商的角度看又如何？有誰還有其他要補充的地方嗎？我們如何能把這些不同的看法整合起來？我們是否想到所有的可能性了？**

- 鼓舞士氣。大衛・司密克曾對我說：「千萬不要低估提問法鼓舞士氣的功效。比方說，**這個案子團隊的其他人可以怎樣幫你忙？**當別人知道你希望幫助他們成功，同時你願意放下工作去幫忙，他們就會全力以赴，而且在較少的壓力下做得更好。」

- 清楚而且可被接受的準則。要建立獨特有力的團隊準則，使準則徹底切實執行、在團隊中形成強大的凝聚力，應該問：**我們做得怎麼樣？我們有沒有很仔細地聽彼此說話？我們彼此合作時有哪裡不對勁？我們應該如何改善？我們有沒有顧慮不周的地方？**

- 尊重並支持彼此的想法。當領導者平等地對團隊每個成員仔細提問與傾聽他們的回答時，就為每一個人立下最佳典範。要確定每個人都問到了，一一點名那些躲在後面的人，問他們：**你有沒有什麼要補充的？**

- 改進學習並願意協助他人學習。要協助成員發現如何從其他人身上學習，並且把所學到的東西應用到組織工作上，應該問：**誰對這件事有經驗？有人有不同的意見嗎？你部門裡的人對此事感覺如何？**

● **更清楚了解你所面對的情況。**蓋姬特・霍普說，提問法很有助於檢查現狀：

在開完一場特別麻煩的董事會後，我召開我的領導團隊會議，我繞著會議桌走了一圈，然後問每一個人：**從那個董事會上，你聽到什麼？你的結論又是什麼？**這麼做讓大家更清楚了解及證實我們共同的想法，也幫助我看清每個人對會上討論的看法。我們大家對彼此的想法更了解，沒有人嘀咕或發牢騷。有時我也會拋出一個想法要大家回應。比方說，在我的資深領導團隊會議上，我可能會這麼問：**我有個感覺，這個團隊開始出現一些裂痕，你們注意到了嗎？你們覺得我的觀察對不對呢？**

鼓勵公開討論與辯論

諮詢顧問兼作家派屈克・藍齊歐尼（Patrick Lencioni）指出：「那些未能討論不同意見與交換未過濾意見的團隊，將會發現他們一而再、再而三地重複面對同樣的老問題。」[6]沒有公開辯論和討論不同意見的團隊無法有效地學習，所以才會一直在原地兜圈子。藍齊歐尼補充說明：「特別是那些耗費很大功夫避免衝突發生的執行長最常這麼做，因為他們相信避開毀滅性的意見不合可以增強團隊能力。這一點很諷刺，因為他們真正在做的是遏阻一些其實很有用的衝突，把待解決的重要問題推到看不見的角落，任其腐爛惡化。」藍齊歐尼特別強調，唯有經過團隊成員充分辯論後產生的共識，才能幫助大家對透過它做出的決定更有信心。

約翰‧彌爾在他的經典著作《論自由》（*On Liberty*）中特別強調強有力的辯論的重要性，他指出聽取一件事情另一面說法的優點：

雖然默然的意見也許是錯誤的，通常的情況下也確實如此，但它某部分也可能是對的。只有透過和反對意見的衝擊，才有機會發現對的那一部分。

就算聽到的意見不正確，但由於大家對此意見的理性基礎並無深刻的了解，那麼大多數人所認定的真相其實也仍是一種偏見。除非大部分人所接受的說法經過不同意見的挑戰，否則它們也毫無價值。[7]

詢問別人的看法會鼓勵他們參與最後的決定，而且必然會增加對此決定的支持，並且減少因考慮不周或料想不到的反對意見而生的風險。根據艾克索洛得（Axelrod）、畢登（Beedon）與傑克布（Jacobs）所述：「開會就是讓大家能夠說出他們的支持論點以及他們的疑慮。我說是的能力和我說不的能力應該一樣。」[8]一旦領導者使用提問法鼓勵大家進行全面公開的辯論時，各種疑慮就會傾巢而出，然後會被消除。大家會對某個行動表示同意並承諾去做，但不會就只是默認而已。擔負責任是願意全然接受的表現，是因為他對此表示贊同所以願意這麼做，而非因接到命令或指示而做。承諾是選擇做為一個主導者。共同體是一種集體意識，代表我們每個人都得為其他人的成敗冒風險。這是我們的互相關聯。當我們確認我們獲得每個人的想法、觀點和承諾後，技巧性的提問就格外重要。

　　我在第七章討論過省思的力量。讓團隊產生省思的結果是效果很顯著的學習，而顯著有效的省思則是好問題與辯論所產生的結果。透過使用提問法，領導者能幫助團隊成員審視他們的行動與互動，從而改進辯論、學習、思考和創作的品質。領導者問的問題應該不設限、支持不同的觀點。第五章已討論過傾聽與提問技巧，領導者應該以身作則、帶頭練習。提問的問題要能讓團隊成員提出不同的意見、仔細省思他們做為一個團隊的表現究竟如何、他們可以如何改進、他們學到什麼，以及如何將他們所學的應用到自己和組織上？你對學習所展現的熱忱以及你對協助團隊成功所做的努力，大家應該都看得很清楚。

使團隊會議充滿活力

　　一如本章開始時提及的，團隊會議通常會讓人精疲力竭、熱忱全消。當你發現會議桌上開始有人顯得很無聊或是心不在焉的時候，趕緊用提問法讓他們活力再現。記住查德・哈樂戴說過的話：「我發現每當有人問我問題時，我整個人立刻警覺起來，就像變了個人似的。」問題，尤其是具有挑戰性的問題，會使團隊和個人開始思考、學習。這些問題觸發了傾聽、找尋真相、證明意見與觀點對錯的需求，使團隊充滿活力與生命力。問題也激發出一段對話，使每個人不再受限於個人的缺點，而擴展出新的能力。

　　當然，大部分的會議都會設定要如何開始以及要完成什麼目標，因此，提問法可以讓幕僚會議有一個很好的開始。惠特雷建議可以使用下面這些問題：

- 哪些步驟可以讓我們一起開始？
- 我們可否聽一聽不同的說法（而不是從爭吵開始）？
- 我們如何一起更有彈性地合作以減少一些壓力？[9]

　　艾克索洛得等人建議，在團隊會議中可用下列幾種方法提問，讓大家更投入、更振奮情緒：

- 別急著推銷你的意見，先問問與會者，為什麼他們認為你的意見不會成功？然後仔細聽他們怎麼說。這麼做使大家把個人的顧慮攤開來討論，也讓整個過程看起來是大家一起腦力激盪，而不是你在推銷自己的意見。
- 繞著房間走一圈，給每一個人機會說說話，問問他們對某件事的看法如何。大多數時候，總會有那麼一兩個人老是滔滔不絕，這時候表示你想聽聽每個人的意見，會把話題轉移開來，也可以幫你結束對這件事的討論。
- 將了解與同意區分開。單純地了解某人的觀點並不代表同意他的觀點，卻可以搭起一座橋。設法了解意味著從其他人的眼睛去看世界。當你這麼做的時候，你與那個人之間將建立起一種信任與和諧的關係，就有可能出現前所未有的方法來解決你們之間的問題。[10]

　　在會議結束前，應該再問一些問題確認這次會議成功之處，以

及下一次會議應該做什麼樣的改進。除非你藉由幾個問題鼓勵或要求大家對剛剛結束的會議再做一次回顧，否則他們幾乎很少或是根本不會學到東西或有所改進 —— 而且你的會議永遠不會有所長進。在每個階段最後，用下面幾個問題幫助團隊學習：

- 這個階段進行得好不好？
- 這個團隊哪裡做得很好？
- 這個團隊可否做得更好？
- 有哪些地方是我們可以做卻沒有做的？
- 我們團隊將採取什麼行動，讓我們下一次的表現有所改進？

同時，當你鼓勵大家多提問、少申論時，他們就更容易融入討論中，就不會有人霸占發言時間、滔滔不絕了。在會議中提問也使得個人與團隊的適應性更好，更能接受改變，成長更快。

協助團隊克服困境

在解決問題過程的任何一個階段，團隊都可能陷入困境，找不到出路。碰到這種情況時，團隊成員通常會等待領導者做出指示、找出問題或提出解決辦法。成員會停滯不前，等待領導者擔下責任。聰明的領導者不會掉入這種陷阱：使用提問法就可以有效地畫分責任歸屬。正如惠特告訴她的團隊：「當企畫案脫軌時，我要他們想一想，出差錯時，他們做了哪些抉擇？為什麼？這樣會迫使他們認真去想、去說。我會問：『你為什麼這麼做？這樣做與目標有

何關聯？』」惠特提出的問題，提醒了她的團隊接下解決問題的責任。

　　想要促使事情有進展、使團隊能從新的角度看事情並繼續往下進行，下列幾個問題會很有幫助：

- **開放式問法**：不像封閉式問法只尋求簡短明確的是或不是，開放式問法鼓勵大家擴展想法、讓大家去探索什麼事對他們很重要，或怎麼樣能讓他們放心地揭露某些事。開放式的問題也鼓勵大家在自我反省及解決問題方面下工夫，而非為某個立場辯護或證明它的合法性。舉例而言：你對……的看法如何？你可否就……多做一些說明？你認為有什麼可能性？如果你……，可能會如何？

- **澄清式問法**：如果有人不明白或是你覺得不全然了解某個情況，可以要求對方再解釋清楚一點，比方說：讓我想想看我是否弄明白了，你剛才說的是……的意思嗎？你是指……嗎？你可否換個說法再解釋清楚一點？

- **細節式問法**：當有人還不清楚狀況時，你可以要求再多提供一些資訊，舉例而言：你已經試過哪些辦法，可否再說詳細些？你有沒有問過某某人他最關切的地方在哪裡？某人和某人都同意業績上有問題嗎？

- **激勵式問法**：用提問引導對方的想法與選擇，而不是直接建議該如何行動。重點在提問而非告知，引出深思熟慮的回應並保持通力合作的精神。比如：讓我說說看我聽到的對不

對。你剛才提到的目標設定是在回答我問的問題嗎？這樣的問法暗示對方應該用回饋做為他設定目標的指針。簡而言之，你問過某某人的看法沒有？其實是在提供對方一個選擇，暗示他可以問問某某人的看法。

- **探究式問法**：深入探討事情或行為的根由，以找出引發一個人行為的內部動機。比方：為什麼會這樣？你為什麼相信這就是結論？

- **總結式問法**：用這種提問法邀請別人完成或結束討論、鎖定議題或行動的關鍵。例如：我們在這裡獲得什麼主要的結論？

奧克登高中校長查爾斯・奧思隆用下面這種方法指點那些有困擾的教師：「對那些指導壞成績學生的老師，我最喜歡問的問題是：『你下一步打算怎麼做？你已經試過什麼方法了？然後呢？』雖然這麼問有時候很煩人，但是這種問法提醒我們，永遠都會有某些連續的可能性，不論我們是否根隨著這個連續性發展下去，這也就是一個選擇，其實往往限制住這個可能性的，就是我們選擇提問的問題。」

雖然奧思隆說的是幫助個人脫離困境，但是他的說法也適用於企業團隊。就如他說的，能幫助我們脫困的，其實就是某個選擇。

用提問法化解團隊衝突

各種意見會衍生衝突是非常自然、健康的，尤其常見於為了取得各方看法而組成的團隊中。衝突是團隊組成過程中不可或缺的一部分，持不同意見的團隊成員對事情看法不一是難免的，但他們應該在消弭歧見的過程中互相學習。健康的衝突是著重在完成議題上，如意見的正當差異性、不同的價值觀與看法或決策的影響。[11] 提問是表現健康的團隊衝突的方式。

但若是牽涉到與權力、獎賞及資源的競爭，或是當溝通不良或涉及私人恩怨、團隊會議運作不佳、當成員將個人目標凌駕於團體目標之上時，這些衝突就是不健康的。聲明陳述就是引發不健康衝突最普遍的溝通模式。

當領導者在處理團隊衝突時可以使用哪些問題呢？領導者該如何在與會者之間發展出一種信任及和諧的氣氛？優芮（Ury）建議用下面這些問題：

1. 我們如何把人和問題分開來 ── 分析衝突的起因。
2. 衝突時的目標何在？
3. 每一派人馬想要什麼？
4. 各派人馬都很了解這個議題嗎？
5. 我該怎麼做才能使他們從別人的角度看這個衝突，並且練習聽別人怎麼說？
6. 他們的共同點在哪裡？

7. 議題是什麼（不是指每一派的立場）？

8. 如何使每一派人馬都獲得滿足？

9. 兩派意見中無法妥協的議題是什麼？

10. 各派最重要的目標為何？

11. 我們可以激發出哪些選擇以解決這個問題？

12. 我們做決策的基本客觀標準是什麼？

13. 我們要如何反對多數人都贊同的意見？[12]

艾瑞克‧查魯斯是德查拉杜美（De Chazal Du Mee）公司的合夥人，也是模里西斯德查拉杜美商學院院長。針對處理衝突時該用哪些有力的問法，他的分析頗有遠見。他告訴我：「提問法可將衝突轉化為困惑。」當我們固執己見時，我們就看不到別人的意見。針對我們自己的意見提出的問題會使我們感到困惑，然而就在此時，我們反而更能接受其他的可能性。當整個團隊都感到困惑時，就是打開新機會的時機成熟了。

自由領導顧問諮詢公司的負責人嘉雅‧沃里爾告訴我，一個提問如何讓他領導的團隊從衝突轉向學習：

我曾負責和一個潛力十足的十人團隊進行一場籌畫會議。會議剛開始進行得十分順利，這個團隊列出了策略性目的、關鍵目標和可量測的成功標準。突然間，團隊分裂成兩派人馬，衝突逐漸浮現。辯論惡化成了爭辯，某些成員不願開口，其他成員則毫不留情地咄咄逼人。二十分鐘後，我提出一個問題，介入他們之間的衝突：「你們從

哪個地方開始，不再是同一個團隊了？」團隊成員開始思考，接著回頭翻看圖表，才發現他們在時機未成熟時就分成了不同的任務小組，在達成最主要的團隊決策之前就貿然分配任務。對整個團隊來說，這個領悟是個轉捩點，也是他們學到的一課，讓大家接下來都能持續以整個團隊為單位行事。

向所有團隊成員提出問題，對整個團隊來說有幾項好處：藉由提問，可以在成員之間建立信任、合作和團結，也能幫助我們澄清目標和行動，並達成共識。提問法能協助擁有不同專業和權力階層的成員做出重要貢獻。唯有透過向每個人提問，整個團隊才能針對手邊的問題形成共同的理解和一致的看法，也能粗略掌握每個人可能會提出什麼策略，以及達成創新的策略。簡而言之，在正確的時機、以正確的方式提出的問題，能促使整個團隊齊心一志，團結一心。

分擔責任

如同第二章中提到的，當我們向別人提出問題、並邀他們和我們一起找答案時，我們不僅僅在分享資訊，也是在分擔責任。團隊本就應該分擔責任。傳統型領導者可能只是把團隊看成方便其命令與控制的一個工具，而不願分享資訊與責任。所有我訪談過的領導者都知道，這種方式已經不再適用於這個世紀了。在分擔責任、分享意見與問題以及大家共享結果主導權時，團隊功能將發揮到極

致。因此，改進團隊工作一個很重要的方法，就是協助團隊裡的每個人都成為更好的提問者。

問題思考：

1. 我可以提出什麼問題來幫助或指導團隊，而非只是控制？

2. 我該如何激發主動性和冒險精神？

3. 我該如何與團隊成員合作？

4. 我該如何用提問法更好地領導團隊？

5. 我該如何讓團隊成員能從不同的觀點看事情？

6. 我該如何在團隊會議中鼓勵自由討論與對話？

7. 我該怎麼使團隊會議充滿活力？

8. 我可以使用什麼問題來更有效地處理衝突？

9. 我該如何讓團隊成員分擔責任？

10. 我該如何協助團隊提出更好的問題來解決難題？

chapter *9*

使用提問法解決問題

　　你曾多少次在直接跳到解決方案時，才發現如果你有先提問、好好傾聽，就可以得出更好的解答？尼洛費爾‧梅尚（Nilofer Merchant）指出，解決難題的關鍵在於提出聰明（或更聰明）的問題。聰明的問題能「完整定義出難題是什麼，並清楚看見牽涉其中的議題。」[1]明確掌握眼前難題的輪廓，才更容易、更有可能展開有力且可持續的行動。

　　星座能源集團的法蘭克‧安卓契如此強調提問法的重要性：「解決問題、探索議題、降低在解決問題的過程中出現的各種個人影響，在這些方面，提問法十分有效。」在他與團隊討論的一個學習階段中，他們設下一個規則（出自行動學習，為一種訓練課程，〈附錄二〉有詳細的描述），也就是團隊成員只能用說明的方式回答問題。他說，結果是：「我發現提問給了這個問題一個很清楚的定義，因為大家只能依此問題做回答，所以呈現許許多多的資料，也因為大家都專注在提問和回答問題上，使每個人對所呈現出來的資料有更多更深入的了解。我很快就意會到，比起傳統式的發表言論，問對問題是更好用的領導方式。」

　　在解決問題時，領導者應該謹慎地從各種不同的觀點做判

斷——越複雜的問題越應該這麼做。也許剛開始時會有一些挑
戰，但是對解決問題和策略發展而言，這些開始時不同的觀點是很
正面和重要的。為什麼？其中一個原因，就如第二章中說過的，一
般而言，我們都會假設，若是聽過或經驗過一個問題，那麼現在我
們就會完全了解和知道這是個什麼樣的問題。更危險的是，我們相
信其他人現在都對問題有相同的認知和理解。但實際的情況是，就
算不同的人聽過或經驗過相同的一個問題，事實上他們會對這個問
題有完全不同的看法和描述。這種情況在我們面對適應性問題時尤
其顯著。

技術性與適應性問題

　　海飛茲和洛瑞（Heifetz and Laurie）表示，今天的組織與領導
者會面對技術性與適應性兩種形態的問題。[2]技術性問題指的是，
那些用於解決原就存在於文件或設定過程時會出現的問題所必須有
的常識。解決這類的問題，需要以有效率與理性的方法取得某些知
識，以所謂的牛頓學說的方式應用這些知識。技術性問題就好比只
有單一答案的謎題，可援用組織內部或外部先前遇過的經驗，用直
線、邏輯性的方法解決。技術性問題多半是機械問題，較少會需要
提出問題，特別是那些絕佳的問題。適應性問題則通常不會有完全
令人滿意的答案，也沒有專業知識可以完全解決這類問題。在定義
問題與執行解決方法上，提問、省思和學習皆不可或缺。這類型的
問題對領導者的挑戰是，如何促使下屬在他們的態度、工作習慣、

基本假設和某些生活層面做調整,而過程可能會很痛苦。同時,他們可能還得自己學習創造某些原來並不存在的事務。

適應性問題並無標準答案,這類型問題需要大家用集體智慧與個人技能去解決唯有他們能做的工作。能擔負起這種責任的領導者,需要捨棄一生慣用的管理習性,重新學習克服因現有技術不足所造成的挑戰,還要具備在緊要關頭能夠掌握大局並且做抉擇的能力。由於這類問題往往需要組織裡各單位的通力合作,所以適應性問題比較難下定義或精準地解決。

一般人多半會逃避需要適應性的工作 —— 這種逃避心態往往是不自覺的。事實證明,這種情形經常是因為事情一開始就失調所造成的。當問題剛發生時,大家會照平常慣用的方式檢視,一旦發現慣用的方法無效後,才開始重新考慮不同的觀點、想辦法補救,這時就必須面對改變態度與信仰的適應工作。

用提問法了解真正的問題

海豚運用聲納在混濁或幽暗的水底「視物」,牠們會發出一種噠噠聲,等待回音傳回來。一旦得到足夠的回音反應,海豚就能導航、找到食物,也能避開障礙物和捕食者。梅尚觀察到:「提問就如同聲納一樣。提出對的問題,就能協助你找出正確的真正問題。提問法也有過濾的功用,能讓你釐清當前局面中的關鍵議題。」[3]

因此,這時候所提出的問題不僅是找答案而已,還要誘使每個涉入此事的人了解、回應你問他們的問題,讓大家一起思考。這裡

的重點並非只是要求大家找答案，而是要求大家藉此機會探索、學習。為了探索與解決問題，研究顯示，不論在澄清問題、獲取協議、達成共識等方面，提問都比陳述論點效益宏大許多。[4]

　　不論我們面臨的是一個技術性或適應性問題，很明顯的（可惜不是很常見的），第一步要做的就是確定團隊成員知道問題是什麼。接下來，不同的觀點與隨之而生的敏銳的提問，對大家能否完全了解這個問題（舉例來說，那是一隻大象）格外重要。唯有在大家一致認同那確實是一隻大象之後，才能產生下一步可行的策略（比方說，拍拍大象的背或是給牠東西吃），然後我們才能讓大象移動。只有開誠布公地向每個人提出新鮮的問題，然後從回應中反躬自省，才能對整個問題獲得全方位的認識與了解。

　　想有效地解決問題，需要一個允許及鼓勵員工問笨問題，或者更明確地說，新鮮問題的環境。我們應該專注在如何引起提問、並且找出正確的問題來問，而不該跳過這個步驟直接找正確答案。正確的提問會引導我們找到正確答案。提問能幫助團隊中的每個人認清及重組自己所知之處。一旦團隊成員開始向其他成員提問後，就答案及策略上，他們會漸漸取得一種團體共識，因為這時候他們已經更清楚別人的看法，同時也對自己的想法了解得更透徹了。

　　華納蘭伯特藥廠被輝瑞藥廠買下時，霍夫曼是從密西根州安娜堡選出的全職支援整合行動的四人小組之一。這些行動密集地透過媒體與學術演講等等做成完整紀錄，廣泛被業界視為演練最完善的整合行動。霍夫曼發現使用提問法，幫助他們在意想不到的地方看見一個他們正在處理的問題，他們原以為那是個藥物發展的技術問

題：「在某個計畫案中，我找到的資料庫顯示，我們在藥物發展過程中效率不及原訂計畫。我詢問其他人造成這樣結果的可能原因何在，透過一連串的提問，我們最後得到的結論是，問題來自於團隊領導不力。提問法徹底地改變了我們選擇團隊領導人的方式。輝瑞藥廠完全地接受這一點。過去，我們的領導者都是優秀的科學家和化學家，但不是真正的領導者。我們採用提問法的結果是，我們發展出一個讓領導者更稱職的嶄新模式。」

　　透過提問，團隊得以謹慎地決定，如果僅是解決最初的問題，是否真能解除危機。使真正的問題情況明朗化及取得共識，才是解決問題的第一要務與最重要的部分，因為一旦我們太急於找尋解決辦法，往往會發現最後解決的並非原先要解決的那個問題。正如霍夫曼的案例，就算設計一個新的藥物發展過程，其實解決不了他的問題。

提問是找出突破性解決方案的核心

　　伯格（Burger）和史塔博德（Starbird）在暢銷作品《原來數學家就是這樣想問題：掌握5個元素讓你思考更有效》（*The 5 Elements of Effective Thinking*）中指出，改變世界的偉大思想家會自行創造要提出的問題，成為「自己的蘇格拉底」。[5]創造問題和回答這些問題同樣重要，可以點燃你的好奇心，讓你在尋找問題解決方案時能做得更好。提問可以揭露隱藏起來的假設想法，讓解決問題的人或團隊更能思考不同的選擇。

尚－保羅・蓋拉德表示，他在莫凡彼、華納電子、菲利普莫里斯、雀巢等公司擔任資深主管時，提問法讓他獲得許多驚人的成功。他告訴我，他的提問讓貝圖奇手錶公司（Bertucci Watch Company）的商品品質，足以和勞力士（Rolex）匹敵，甚至超越他們。

我用提問讓人們胸懷大志、充滿活力、富有創造力。我用提問挑戰貝圖奇的員工，讓他們超越現有的策略。我們要如何變得更聰明？我們要如何利用較小尺寸帶來的優勢？我們確定能做的就是這些？我們的強項在哪裡？有更好的辦法嗎？結果，一支偉大的手錶就這麼誕生了。它的品質比一支勞力士錶還高百分之二十，錶帶更加堅韌、舒適，價格卻更便宜。

跨國金融顧問夏米爾・埃里（Shamir Ally）發現，與世界各國的組織工作時，提問是必不可少的關鍵。在蓋亞那（Guyana）工作時，埃里所待的團隊負責為該國的經濟轉型制訂行動計畫。「我提出這個問題：『蓋亞那政府該怎麼吸引外國投資人？』」這個簡單但直接的問題讓該國政府行銷國家的方式有了一連串改變，包括專注在提升英語流利度、文化和自然資源。埃里在卡達（Qatar）與卡達大學商業與金融學院合作時，提出：「所有海灣阿拉伯國家（卡達、沙烏地阿拉伯、科威特、阿拉伯聯合大公國、巴林王國、阿曼蘇丹國）可以怎麼整合企業資源計畫系統（ERP）？」這個問題造就了規模前所未見的協作數據共享與指標數據。埃里在羅馬尼

亞（Romania）問的問題是：「該採取什麼行動，來讓羅馬尼亞人使用本地生產的酒和農產品？」在面對歐洲的限制出口規範時，這個問題成功打造了「愛買羅馬尼亞」（Buy Romanian）運動。

各個問題解決階段可以提出的疑問

解決問題有不同的歷程，例如取得資料、自我省思、發展遠景、在未來的行動中運用所知及學習成果等等，道得林（Daudelin）指出可以如何、應該如何在這些不同的過程中提問。[6] 提問是用來打開機會之門、澄清意義，以及透過解決問題的四個階段一步步建立進展的。她特別指出，某些形態的問法對解決問題的各個階段最為有效：

- **問題的連接與重建階段**：在這個階段，哪些問題最有用？此時要讓團隊成員蒐集有關情況的細節並加以描述，如此可以幫助大家了解真正問題所在，並往大家都認同的方向重建這個問題。最有效的問題可以這麼問：最重要的是**什麼**……？
- **問題分析階段**：在這個階段，**為什麼**式問題最有效。例如**為什麼**那個很重要？你認為**為什麼**會發生這種情況？你為什麼會有那樣的感覺？
- **前提的產生與判斷階段**：**如何**類的問題使團隊或個人開始形成一個試驗性的理論，以詮釋或說明他們遇到的問題：這個情況**如何**與其他問題相似或不同？你**如何**用不同的做法？我

們可以**如何**居中協調？

* **行動階段：**在這個階段中，團隊可能要找的是行為描述（測試不同的行動），或是分享差異（測試不同的看法）。**什麼**類的問題這時候變得很重要：所有這一切對未來的行動有**什麼**含義？你現在應該做**什麼**？

比昂可－馬提斯等人提出了一個問題解決過程模式（2002），見表9-1。[7]他們的這個模式也包括針對不同階段而生的建議問法。

表 9-1　透過對話方式的提問

要做什麼	怎麼問
解釋你的假設：這是我的想法，以及我認為應該怎麼做	你有不同的資料嗎？
要求提供看法 鼓勵提供不同的觀點	有沒有人看法不同？我們還能如何看待這個問題？有其他不同的選擇可供我們考慮嗎？
找出別人的理由	什麼原因讓你那麼想？什麼因素導致那樣的結論？
邀請他們展示他們的資料	你可以讓我看看你是如何做到的嗎？
查證你的了解對不對	你說的是不是……？這是不是說你想要看……？
把他們和你的看法連結起來點出比較具體的內容或意義	這樣將如何影響我們對優先賣主的指定承諾？你可以解釋一下，我們的客戶可能會如何看待這一點嗎？

為繼續前進的各步驟做出共識	我們可以怎麼從這一點出發以完成目標？我們可以如何運用我們已有的東西以達成目的？要繼續前進，下一步該做什麼？

資料來源：Adapter from Bianco-Mathis et al., Leading from the Inside Out（2002, p.71）.

等團隊完成整個解決問題的過程後，提問法還可以幫他們從前一個步驟移到下一個。霍夫曼就他如何在這方面使用提問法做了以下的說明：「在一個像諾華集團這樣以研究為基礎的組織內，我們的員工在開會時提問的次數遠遠超過其他組織，他們很喜歡追根究柢，往往很難結束討論和整合所有人的意見。我發現要達成結論與落實大家的想法，最有效的辦法就是提問，提問還可以讓我查證我所聽到的資料。**『這件事聽起來是這樣子，我說得對不對？重點在哪裡？我們應該選擇什麼？』**」

唯有透過提問，整個團隊才能針對手邊的問題形成共同的理解，也能粗略掌握每個人可能會提出什麼策略，以及達成創新、突破性的策略和解決方案。在正確的時機、以正確的方式提出的問題，能讓整個團隊齊心一志。答案的種子就包在問題的核心之中，因此，問題問得越好，解決方案和學習品質也會更好；思考越是深入，個人及團隊能力的成長幅度也會越大。

以提問法做為開頭，能讓我們認識到，假使要解決問題，必須先使用詢問的方式來產生分歧、發散的意見，唯有如此才能進一步聚焦、縮小範圍。團隊必須先掌握問題的全貌：「看見整頭大象」，再決定可能的目標及特定策略。唯有互相提出坦然且新穎的

疑問，然後深入思考獲得的回應，才能得到從廣闊的「直升機視角」所看見的問題。行動學習的核心面向在於回饋式的提問過程及由其衍生的團隊氛圍——在這樣的氛圍下，員工能自由提出笨問題，或是更精確地說，新穎的問題。

在挑戰不同觀點，並打開可能的途徑、通往富有創意的問題解決過程時，提出好問題的能力至關重要。當帶來問題的人提出學習性疑問時，便在團隊中創造了不同的能量和活力。學習性問題包括開放性的**「如果」**、**「如何」**、**「為什麼」**，能夠刺激問題解決者的心智，使對方理解在諸多不同的可能情境下，手邊的難題會呈現出何種樣貌。

針對假設及模稜兩可的想法提出深入的問題，能協助團隊成員在訂定行動的優先順序時更加掌握到平衡，也能讓他們對將要學到的教訓有更多心理準備。團隊成員會開始理解到學習和行動同樣重要，在成長為領導者而非問題解決者的過程中也實屬必要。一旦他們發現了這一點，便能深化整個團隊的參與度，幫助他們不再只是純粹解決難題，而是對自身的學習能力有更深刻的洞見。

當團隊成員思考由合作經驗產生的關鍵議題與挑戰時，他們便開始為後續的行動制訂出新的參考架構。這種心智歷程牽涉了一系列捨棄想法與重新學習的過程，幫助他們發展出新的行動方針。行動學習中的團隊成員需要擁有正確的心態、價值觀和態度，才能得到提問與思考本身帶來的好處。如果沒有正確的動機，就很難讓每個人將學習化為適當的行動。

讓團隊在解決問題的過程中提問，需要何種條件？

在羅蘭·姚（Roland Yeo）和我所做的研究裡，我們在諸多成功的問題解決團隊中，找出能帶來效益與創新的五個核心特質：

1. **深思熟慮的提問**。要有效解決難題，這些團隊必須要提出有用、有組織的、富有洞察力的問題。提出正確的問題，能讓整個團隊以合適的觀點看事情，也能用更一致、更深思熟慮的方式解決手邊的難題。

2. **自我指導**。每個參與者本身需具備學習動機，以持續追求個人及專業層面的成長，這是非常重要的一點。他們必須為學習負起責任，以強化採取行動時的自我效能。

3. **學習導向**。在與團隊工作時向其他成員學習，對拓展世界觀、透過彼此的經驗成長而言，是至關重要的一點。發展出好問題 —— 就算不是絕佳的問題 —— 因而讓學習變得十分寶貴。

4. **專注傾聽**。假使一個團隊要提出絕佳的問題，所有成員在解決難題的過程中，都必須是敏銳的觀察者和傾聽者。回饋式傾聽可以幫助參與者掃除疑慮，擁有清楚解析事物的認知能力。

5. **自信與幸福感**。所有參與者都應該認為自己對行動學習的過程有重要貢獻。團隊成員應該支持並鼓勵彼此提出問題，如此一來，便可以讓他們更能面對疑慮和曖昧不明的狀況，從

而擁有處理困難議題和制訂絕佳策略的力量。[8]

在問題解決的過程中改善提問法

也許對問題解決的過程來說，最至關重大的技能，正是個人或團隊能否在解決問題的同時改善提問法。花點時間思考被提出的疑問，能產生更優異的問題解決提問。因此我們可以問問自己以下問題：

- 我們的提問品質如何？
- 被提出的問題有哪幾種？
- 我們有根據彼此的問題提問嗎？
- 最有價值的問題是什麼？
- 我們可以怎麼改善我們提出的疑問？
- 我們的問題造成了什麼影響？

我們提出的問題越好，理解和解決難題的能力也會越好。

問題思考：

1. 解決難題時，我是否有專注在提問，而非解答上？
2. 我該如何判斷這是個技術性問題，還是適應性問題？
3. 我是否有為不同階段的問題解決過程提出不同類型的疑問？

4. 我有思考已被提出的疑問，並在提出下一個疑問前學到什麼嗎？

5. 我是否有用好奇與創新的態度設計問題？

6. 我是否以系統性思考尋找根本原因，致力解決問題？

7. 我是否有用新穎的提問塑造新的觀點，並挑戰假設想法？

8. 我是否有探索每個提問中存在的可能議題？

9. 我該如何建立對難題的共同理解？

10. 我該如何用提問法帶來更多具備創意的替代方案、行動和策略？

chapter *10*

用提問法形塑策略及推動改革

在形塑公司發展願景、目標與策略時，領導者必須把眼光放遠，他們所問的問題也必須超出公司營運的範疇。所謂涉及公司策略的問題，是指那些有關組織應如何融入周遭環境的問題：這家公司參與競爭的是哪些市場？公司的客戶對象是誰？公司尋找的是怎麼樣的合作夥伴？公司要如何引介產品、服務及外援工作給賣主？公司如何和社區與投資人建立關係？公司的願景與價值亦應從長遠的角度看 ── 因為我們不能靠別人來告訴我們公司的價值，我們的價值應該是由外界投資人的觀點與我們面對的挑戰決定的。在這一章，我將探討幾種形塑策略、推動改革的提問法，重點將放在同時針對投資人團體的內部與外部而來的提問法。

使用提問激發新看法

一般人很容易被組織中累積已久的慣例與既定的程序綁手綁腳。身為領導者，我們必須不時地質疑組織內這種集體智慧是否合宜。公司結構、策略、價值與企業流程塑造了組織的文化與運作，我們要能夠對這些假設部分提出質詢。假如組織要拓展新機會、發

現市場上隱藏與潛在的威脅趨勢，或是要創造新商品模式，那麼他們在解釋策略性的議題上，絕對需要別出心裁的觀點。

亞當斯指出：「事實上，提問對所有目標和功能來說都是不可或缺的，不論是蒐集資訊、建立關係、客觀思考或是與供應鏈協作。技巧熟練的提問，對解決破裂的關係、做出艱難的決定、創新思考及處理變化而言，更是十分重要的基礎。」[1]

雖然在生物科技公司愛美根（Amgen）已經做了八年的總裁，但是當凱文‧謝爾（Kevin Sharer）升任執行長時，他仍和公司裡的上百位高階主管一一面談。他在接受《華爾街日報》（*Wall Street Journal*）訪問時表示：「不論你是不是新人，你都要提出一些新看法。」他分別用五個問題問每一位主管：

- 你要保留什麼？
- 你要改變什麼？
- 你要我做什麼？
- 你怕我做什麼？
- 你有其他問題要問我的嗎？[2]

謝爾和他的高階主管一起為公司打造了新願景，除了擴展原有的洗腎藥品市場外，還要跨足其他競爭更激烈的藥品市場，他們要使愛美根成為「最有益健康的公司」。

實際上，提問法可以為每個組織目標與功能創造新契機，比方說，了解新興的市場機制、蒐集資訊、建立關鍵性關係，或是客觀

思考學習或發展組織等。有關結構、策略和價值功能的深層問題，就如同展開雙臂迎接創新、「呼喚未來」。因此，亞當斯最近告訴我一句話：「在適當的時機、用正確的方法、用對的問題問對了人，這就是通往每一個新發現的跳板。」

華特‧迪士尼世界（Walt Disney World，WDW）在處理洗衣部門百分之八十五的人員流動率時，發現了提問的力量。一開始，迪士尼考慮是否要將洗衣部門外包給別的公司，但當領導階層聚首時，他們決定試試別的辦法，將決定權下放給「劇組成員」（所有迪士尼的員工都被稱作劇組成員）。他們問這些劇組成員兩個問題：

1.我們可以做什麼，讓你的工作更容易？
2.你建議做出何種改變，讓顧客得到更好的服務？

劇組成員一開始並不覺得能夠自由表達想法，害怕他們的回應會被視為批評。問了約莫六個月的時間，劇組成員才開始真正投入。不過，當他們開始分享點子，而迪士尼的領導階層也專心傾聽，改變便於焉產生。根據劇組成員的建議，現在所有的劇組成員都能上下操控他們站立的平台，調整到最理想的工作高度。不僅如此，冷氣出風口現在就位在工作區域的正上方。他們過去都使用一種鉤狀工具傾倒髒衣拖車，結果常常勾破床單。工程部門被找來，在劇組成員的協助下，工程師重新設計了那個工具，讓公司每年省下了好幾十萬美金。其他的改變包括重新設計寢具和毛巾的自動摺

疊機。這台機器配備了將寢具和毛巾往前運送的輸送帶，但問題是那些輸送帶常常破裂，迫使工作暫停。其中一名劇組成員當時剛從海軍退伍，想到了一個新點子。他在海軍學到了一個特殊的打結方法，他認為也許能用這種結將斷裂輸送帶的兩端綁在一起。這辦法奏效了，讓迪士尼每年省下了超過十萬美元的成本！[3]

凡是關乎策略、遠見與價值的提問，都不應被視為技術性問題 —— 而應如第九章所述，視為接納性問題。面對接納性問題的時候，我們需要為激烈的爭辯準備一個討論場所，以促使組織發現新問題而非簡易的答案。就像第六章中描述的，我們要透過在組織內發展一個提問型文化才能做到這一點。這裡再做扼要的重點說明，意即，領導者必須願意說我不知道，並且以身作則、帶頭提問。我們要鼓勵組織內的每個人挑戰現狀、冒險、問更多問題 —— 還要獎賞那些確實照辦的人。針對有效提問、解決問題、透過提供資料和行動代替告誡，並用團隊合作做支援等方面，為員工提供相關的訓練。

暢步組織發展顧問公司的聯席董事彼得和莉莉‧鄭，曾幫助數百個歐洲和亞洲的組織進行轉型。他們分享了推薦給領導者的提問清單，讓他們的組織從現況往期望中的未來發展。

1. 鼓勵組織採取行動的問題：

- 能創造對變革的迫切感、極具吸引力的願景是什麼？
- 我們要如何啟發他人，讓他們達成非凡成就？
- 為了確保改變發生，我們不能忽略何種跡象？

- 我們該如何促使他人離開舒適圈？
- 何種架構、系統和程序必須就位，以推動改革？

2. 用來銜接改變期的問題：

- 有什麼簡單的起始步驟可以開始創造正向的動力，以啟動改變？
- 我們該如何讓其他人也能對改變產生負責心？在改變發生的初始階段，人們該扮演何種角色？
- 我們該如何在改變的過程中，讓其他人能夠表達疑慮？
- 為了讓人們有效產生改變，他們必須要具備什麼樣的能力？
- 需要讓什麼樣的架構就位，以產生行為上的改變？

3. 讓新的改變持續下去的問題：

- 需要做些什麼來確保不會回到改變之前的狀態？
- 我們該如何將改變制度化，變成正式的系統和架構？
- 我們該如何確保人們會持續看向未來？
- 為了維持期望中的行為，什麼樣的獎勵是必要的？

向組織外部的投資人提問

今天，向組織以外的人提問已經越來越重要，因為各公司越來越依賴企業內外的合作對象所提供的資訊、商機、資源及合作。無論在主管與部屬之間、部門與單位之間、員工與客戶之間、公司與

賣主之間，甚至是企業和競爭對手之間，區別已越來越不明顯，雙方的關係也越來越有彈性。

透過提問法激勵與推動這些不同團隊的成員，將可以擴展及強化這個組織。向組織外與其他文化的人提問，對領導者可能是一大挑戰，但是，這種提問不但不應避免，更應該展臂歡迎，因為他們從外部所獲得的這些回應，可能正是促成領導者最後成功的關鍵。

各層面的領導者，包括資深領導者在內，都需要製造機會向組織外的個人或團體提問 —— 例如客戶、商業合夥人、供應商、社區團體及學術與訓練機構等等。向上述這些團體提問，對這個企業體的永續成功與否是非常重要的。幾年前，麥可‧漢默爾（Michael Hammer）為全球市場上成功與失敗的各個大企業做了一個紀錄。[4]他檢視為什麼威名百貨會打敗西爾斯百貨公司（Sears）？為什麼在二十世紀中期的國際航空巨人汎美航空公司（Pan Am）竟會一蹶不振？還有為什麼霍華‧強森集團（Howard Johnson）會被麥當勞（McDonald's）、漢堡王（Burger King）及肯德基炸雞（KFC）等速食業者擊垮？他得到的結論是，所有這些失敗的例子都存在一個基本因素：領導者未能提出追根究柢的問題以幫他們挑戰基本的假設、重新制訂策略，從根本上改變經營方式。這些問題可能可以挽救這些公司免於衰敗或關門。

彼得‧杜拉克表示，想為我們的組織未來鋪路，我們必須透過下面這些問題觀察整個社會與社區發展：

有什麼既有的改變是不合適的？大家都知道的是什麼？哪些是

「典範式的改變」？有什麼證據可以證明這確實是永久的改變，而非一時流行而已？最後要問的是，「如果這個改變真的很有必要性而且意義重大，那麼它提供了什麼契機？」[5]

問客戶的問題

許多公司漸漸發現，企業領導者向他們的客戶提問是很重要的一件事。摩托羅拉（Motorola）包括執行長在內的資深主管，都經常與客戶會談，探詢他們對公司的服務和產品的意見。沃辛頓鋼鐵公司（Worthington Steel）機械營運部門的主管則定期造訪客戶的工廠，透過各式的問題了解他們的需求，他們藉此同時獲得了客戶與供應商的回饋、建議與諮詢。

加拿大帝國商業銀行（Canadian Imperial Bank of Commerce，CIBC）非常重視透過持續性的探詢以了解他們的客戶。銀行與每個員工都很明白，他們需要多了解客戶及客戶個別的需求是什麼。至於那些商業客戶，他們會了解客戶的產業、經營策略與宗旨，並為他們所遭遇的困難提供解決辦法，而非只顧推銷既有的產品和服務。這種方法對雙方都有好處，因為客戶也想多知道銀行可以提供哪些服務項目。舉例來說，銀行提供的服務是一套很複雜但很有用的風險管理工具，但是一般人並不了解，就連那些大企業的財務經理有時也搞不清楚。

當然，使用提問法向客戶探詢意見，可以讓你知道目前你的公司和他們的關係如何，甚至更理想的情況是，透過提問探詢，還可以一起建立彼此未來的合作基礎。優秀的領導者不僅著重在眼前如

何使產品與服務滿足客戶的需求而已，他們更重視的是客戶的目標與期望。嘉吉啤酒美國分公司的總裁道格拉斯・伊頓分享他是怎麼做到這一點的：

　　我使用問題探詢、發現和找出解決辦法。我們希望大家視我們為一家能為自己與別人創造重大價值的公司。對嘉吉公司來說，向客戶提問探詢意見比賣他們東西更重要。這麼常年累月做的結果是，我們有系統地建立了一套與客戶會談時的題庫，像是：「你們的目標是什麼？你們裹足不前的原因是什麼？你們未達成目標的後果又是什麼？你們做過什麼嘗試以解決這些困難？這些麻煩造成公司多少損失？依你看，解決這問題的理想辦法是什麼？」

　　當我剛開始帶領美國分公司時，我們是處於虧損中。我需要的是肯冒險、有自信並且準備好要進入新境界的員工。現在，四年後的今天，我們是一個很成功的企業。我做了很大的努力建立大家的提問能力，才讓公司及我們的客戶──那些願意回答我們問題的客戶──有今天的成就。我們的業務非常複雜，所以我們必須一起尋找答案。

　　透過全力聚焦在客戶的**需求**上，伊頓才能讓一個頹敗的企業起死回生。此外，透過專研客戶的**目標**，伊頓才能做到除了改善今天的生意外，還能夠建立明天的商機。當然，這絕大部分都與公司策略息息相關。

　　組織如何制訂經營策略與營運執行，客戶的影響力越來越重要。領導者和組織的優先順序，焦點將從員工轉移到客戶身上。從

全球的角度觀之，各企業在品管、多樣性、客製化服務、便利性、時效與創新等方面，客戶將持續扮演提升新業績標準的推手。美國南卡羅來納州斯巴坦堡（Spartanburg）的米立肯公司（Milliken）是一家大型紡織和化學原料製造商，該公司的最高層領導者就認為，在鼓勵及滿足客戶對產品品質改善、產品創新和加快生產速度等方面所提出的問題至 關重要。舉例來說，在第一次運貨時，米立肯公司的員工會到每個新客戶那裡親自檢視客戶使用情形，並藉機詢問客戶對該公司未來產品改進方向有何建議。

馬里蘭化學公司的總裁珍妮特・帕特洛也認為，在爭取客戶和塑造公司策略時，使用提問法是關鍵之一：「公司、工作夥伴和我使用提問法以盡力滿足客戶要求，從而與客戶建立長期的合作關係。在完成這項任務時，我們使用提問法引導客戶、供應商、公司員工、市場及我們在做企業與策略計畫時採用的經濟評估。我們用提問法解決問題和排解疑難，我們也用提問法激發創新。」

克拉克－艾普斯登在《領導者必問必答的78個問題》（*78 Important Questions Every Leader Should Ask and Answer*）一書中，列出詢問客戶時最重要的幾個問題：

- 你為什麼與我們做生意？
- 你為什麼與我們的競爭對手做生意？
- 與我們合作時，我們有哪裡、又在什麼時候讓你們感到不滿意？
- 未來你們對我們的期盼是什麼？

- 如果你是我，你會為我的組織做什麼改善？

- 我能用什麼方法讓你明白，我們很感激你和我們做生意？

- 假設我們的組織能夠選擇做三件事來徹底地提升客戶滿意度，你希望我們做哪些事？[6]

李茲則指出，在銷售商品之前，需要先設計一系列問題以找出客戶的需求與期盼、建立關係和保證承諾。[7]成功的組織能創造及維持極高的客戶忠誠度。忠誠的 客戶都是好客戶。不論如何，客戶忠誠度是我們必須盡力贏取的。我們要怎麼樣才能做到這一點呢？根據貝爾與貝爾（Bell and Bell）的說法，最好的方法就是提問法，以及用心傾聽我們的客戶想要什麼；同時，只要做得到，盡力做到超越他們的期望。[8]

研究顯示，成功的推銷人員比不成功的推銷員多問了百分之五十八的問題。不論是銷售或服務部門，在最前線的員工都應該明白一點：只有弄清楚市場需求，才能做好他們的工作；而要知道每一位客戶的需求是什麼，只有一一問他們才能取得這些訊息。和客戶交談、蒐集資料，可以從中獲得最新的產品資訊、有利的比較，讓我們看到哪裡需要改善，並取得服務與使用模式的回饋。

問賣主與合夥人的問題

日趨激烈的全球競爭力與實質的組織成長，使企業與企業之間的短期結盟大幅增加。大多數的公司利用這種短期結盟關係增加利潤和市場股價，同時也藉此減少支出、時間、複製與權術。不過，

樂於提問的領導者還會使用另一種非常重要、對結盟關係有長遠好處的方法 —— 學習。

　　敏銳的領導者很快就會明白，他們的成功取決於公司整體的商業網絡，不僅僅是員工和客戶而已，還有它的供應廠商、賣主和合夥人。曼維爾（Manville）認為，組織需要與其相關企業維持緊密的關係。[9]不論從外部資源、核心競爭力的焦點、聯盟關係、合資公司到每一個公司的合夥人等各方面來看，組織的實質性已經變得越來越重要。從員工、承包商、合夥人到供應商，現在每個人都必須通力合作，才能順利地將客戶所需的貨品與服務送達到府。雖然這條企業鎖鏈上的每個環節是透過契約連接起來的，但是他們彼此之間也必須交換知識、價值觀及其他無形的資產。

　　在今天各式各樣的組織形態中，提問型與學習型的合夥人及賣主扮演非常重要的角色。長遠來看，促使這條商業鎖鏈上的其他人一起學習相關的承諾與政策，還有適當的管理或技術，將對每個人都大有益處。賣主與合夥人所能提供的資源中，包括透過提問取得對公司存活極為重要的情報與競爭力。他們也可以提供極有競爭力的優勢。

　　「在輝瑞，提問法對技術性供應商和軟體賣主非常重要。」蘇‧惠特說：「我們過去一直都在設計上居領導地位，我們需要繼續保持領先，所以願意付出代價給任何能提供我們具競爭優勢的供應商。我對賣主及供應商的問題都很直接：你為什麼不做我們提出需求的東西？我們要怎麼樣才能使這件事成功？有什麼方法可以快一點？誰能給我們更好的諮詢意見？我們未來要怎麼做好這件

事？」

布斯艾倫漢米爾頓（Booz Allen Hamilton）諮詢顧問公司的顧問約翰・哈畢森（John R. Harbison）與小彼得・佩克（Peter Pekar Jr.）則指出，許多公司是由一些成功的子公司聯盟起來「整合各種知識與專家……他們明白，經驗和學習很重要 —— 非常重要。他們有系統地、按部就班地將整個聯盟的學習結果與經驗傳授給主要的經理人，並為他們開設訓練課程和研討會。他們還建立了資料庫供大家使用。」哈畢森和佩克舉出如甲骨文（Oracle）、全錄（Xerox）、IBM、惠普、摩托羅拉、默克製藥（Merck）及嬌生（Johnson & Johnson）等等都是很成功的聯盟公司，每一家公司旗下都有上百家加盟的子公司。

下面是哈畢森和佩克的說法：

像是「我們應該組成一個策略聯盟嗎？」之類的重要問題已經有所改變，現在的問法是這樣的：

1. 哪些形態的安排最合適？
2. 我們要怎樣才能成功地管理這些子公司？
3. 我們有沒有從我們公司與其他公司身上學到什麼經驗？[10]

在聯盟關係形成最初始，領導者就應該考慮清楚能從聯盟學到哪些經驗 —— 客戶情報、過程、營運政策、細微的文化差異以及其他事情。你甚至可以把這些學習項目列入加盟協議書上。然後，

領導者（與他們的學習夥伴）應該派出足夠的人員交流以確保他們
取得並帶回學習成果。聯盟可提供極具價值的學習機會，因此成為
一種極佳的長期投資與利潤中心，可為將來的成功奠定基礎。

在建立合作與聯盟關係時，各造都需要有很清楚的共識 ——
而提出適當的問題在這個階段就十分重要。總部設在波士頓的諮
詢顧問集團優越公司（Vantage Partners LLC）的主要諮詢業務是關
係管理和策略聯盟，該公司的創辦人之一史都華・克里門（Stuart
Kliman）強烈主張在任何合夥關係開始之初，一定要循適當的步
驟，就如《高速企業》雜誌（Fast Company）的報導「成功結盟的
七項策略」（Seven Strategies for Successful Alliances）裡，克里門詳
細說明了第三點「要有好結果，就要有聰明的開始」：

> 要以有架構的啟動程序來展開結盟關係。
> 「把關鍵人物聚在一起，讓他們回答這些問題：我們建立關係的
> 遠景是什麼？我們應該怎麼合作以達到我們的目標？從我們各別的商
> 業形態、目前的經濟環境和大家所持不同的策略來看，我們可能會面
> 臨怎麼樣的挑戰？」克里門說：「把每一個可能對合作造成困難的挑
> 戰都想清楚：我們將如何化解衝突？我們要如何處理突發事件？我們
> 該如何應付信心危機？」此外，還要決定如何讓這些訊息傳播至組織
> 中的其他部門。[11]

杜邦公司的執行長查德・哈樂戴對此表示同意，他指出：「我
們需要向所有的投資人提問題，那些杜邦的供應商、買主與賣

主。」公司可以從不同的方式與他們的網絡成員一起學習。比方
說，公司可以用檢定方法使員工、合作對象及供應商都達到他們要
求的標準。例如福特汽車就使用提問法，並且把他們從提問中學到
的經驗應用在保證適當流程、技術專業及廠牌代理商的管理上。安
海瑟布許公司用提問法來決定提供哪些訓練給處理食品飲料產品的
批發商，以保持產品的品質與信譽。思科公司（Cisco）則是透過
一貫的提問方法，為供應公司七成收入的下線廠商提供學習程式和
工具，才能達到很高的客戶滿足度，更快速地推出產品。豐田汽車
倡導在確保供應商符合公司要求上使用提問法和學習法，這個「與
我們合作、向我們學習、教育我們」的原則，就是該公司管理全球
數千家製造廠和供應商的最高指導原則。

問社區的問題

　　領導者很快就會明白，將社區納入提問鏈環的好處很多，比方
說提升公司在該社區的形象、提高社區居民為公司工作或購買公司
產品的興趣、強化社區生活品質、為未來工作產能做準備、增加與
社區交換和分享資源的機會等等。此外，和附近學校建教合作，也
可以讓企業領袖製造一個雙贏的情勢，也就是說，讓教師與社區領
袖參與公司的訓練課程、讓公司員工到學校實務指導學生，或是提
供公司資源給教師和學生使用等合作方式；接下來，當地的學校也
可以一起贊助公司的學習課程。

　　哈佛商學院（Harvard Business School）的詹姆斯‧奧斯丁
（James Austin）表示，企業領袖參與社區活動多半是「領導統御最

不為人注意的部分」。[12] 可惜的是，如果企業領袖在社區活動的曝光率以及參與率很高的話，媒體反而可以為公司增加更多的發言機會。企業和社區、政府的關係通常很脆弱，很容易起摩擦。對社區的意見和想法毫不關心的企業領袖，常常會惹惱居民而不自知。

在向社區領袖時提問時，我們應該用一種學習心態去了解他們的想法、他們關心什麼事、他們為這個社區設定的目標與期望是什麼。以下是一些你可以考慮向他們提出的問題：

- 你們對敝公司的感覺如何？
- 我們應該做些什麼努力，使敝公司與社區建立更好的關係？
- 我們所做的事情中，有沒有什麼是你們認為我們不應該繼續的？
- 你們想要我們開始做什麼事？
- 你們還想知道什麼有關敝公司的資料嗎？

別忘了還有更重要的一點，你要隨時準備回應社區向你提出的任何問題。有些人怕洩露公司機密，而不願意公開回答一些敏感的問題，這樣反而使人懷疑你有所隱瞞。當然有些問題可能是指責公司的不是，有些問題則需要列入討論議程仔細研究，但你還是應該嘗試在公開場合回答問題，並展現你的學習態度，就像我們在第五章討論的一樣。公開展現你的學習態度，可以使其他人放下批評的心態。

發展策略性願景與價值

　　一旦公司透過向各方人士提問全面了解現況後，接下來要做的工作就是討論公司未來願景與價值，如此才能幫助你一步步朝目標邁進。眼光遠大的願景是透過討論而非施壓取得的，是透過領導者提問引導出的關係力量才能推動的。藉由領導者提出的問題，才能培育出改變的種子及創造未來的契機。

　　問題也能建立企業價值，這些問題是非常重要的，它們製造了一個對話用的議題，隨後更成為展望未來、實現目標的重要脈絡。問題越正面，轉型的潛力也就越正面。

　　那麼，哪些問題是領導者在建立企業願景、目標與價值時該提出的？著有《一分鐘管理人》（The One-Minute Manager）、《願景的力量》（Full Steam Ahead）以及《領導的祕訣》（The Secret：What Great Managers Know and Do）等暢銷書的名作家肯‧布蘭查（Ken Blanchard），針對決定組織方向提出五種高層次的關鍵問題。在決定公司的經營目的或任務時，領導者應該問的第一個問題是：我們做的是什麼生意？在決定公司的形象或發展藍圖時則應問：假如一切照計畫進行，公司的未來將會如何？立定公司的價值觀時應該問：我們代表的是什麼？決定公司目標的問題則是：現在我們希望大家全力做什麼？布蘭查強調最後還要問一個道德問題：這一切都是合法、公平、不傷及自尊的嗎？[13]

　　專研組織與企業領袖逾五十年的杜拉克發現，他見過、合作過、觀察過的優秀企業領袖的行為，在某種程度上都非常相似。他

們都從問這些問題開始行動:「有哪些事需要做的?」然後他們再問:「我可以做什麼,還有我應該怎麼做才能有所改變?」接下來他們繼續問:「這個組織的任務和目標是什麼:在這裡可以看到什麼表現與結果?」他們不怕給同事施壓,他們也會問:「我可以在這個組織裡做什麼,才能使組織真正有所改善?」最後他們會問:「我要怎麼樣才能真正立下典範?」[14]

在考慮組織願景和策略時,瑪瑞麗・古登伯格建議企業領袖問下面這些問題:

- 有哪些選項是我們已經考慮過的?哪些我們還沒有考慮到?
- 怎麼樣讓這個成為雙贏的最佳可能性?
- 我們在思考、計畫或行動時,可能會受到哪些限制?
- 對於這一點,我們還有沒有什麼其他想法?
- 我們一直忠於自我嗎?
- 這麼做有什麼用?
- 我們可以從這一點學到什麼?
- 我們怎麼知道我們沒走錯路?[15]

惠普實驗室(Hewlett-Packard Laboratories)最近向員工提出一個問題:「做為全球最大的工業研究實驗室的意義何在?」隨後,公司立即看到整個組織裡出現一個策略性的大問題。該實驗室主管開始與全球的實驗室員工共同討論這個問題。她鼓勵展開整個組織網絡的調查和討論,問大家做為全球最大的工業研究實驗室,對他

們有何意義？對他們自己的工作又有何個別意義？還有可能要用什麼代價做到這一點？她首先透過正式、持續性的對話，然後透過更多正式的內部問卷調查和溝通管道，邀請組織裡的所有人一起探討這個問題。這樣的討論持續了好幾個月，結果產生一個極有創意的「讀者劇院」遊戲，裡面包含八百份問卷調查結果，詳細地反應出員工的挫折、夢想、想法和希望。參與這個遊戲的人從幾個主題中選其一代表組織發言，然後有資深經理人聽取意見。企畫主管從旁協助以綜觀全局，也將持不同意見的人聯繫起來達成共識。

小羅伯‧諾林（Robert Knowling Jr.）是高維德通信公司（Internet Access Technologies and Covad Communications）的執行長，他用提問法為組織塑造未來的願景：「想像未來成功會是個怎麼樣的情況，就能激發出願景。」[16]諾林所提的問題還包括下面這些：

- 我們的公司會多成功？
- 企業文化會是怎麼樣的文化？
- 整個產業會怎麼看待我們公司？

帶領組織轉變

當我們使用提問法接觸所有組織的投資人及形塑公司的願景與策略時，很顯然地，組織會需要做大小不等的調整。公司若還是依循過去一成不變的走向，將永遠無法追求新願景和新策略。因此，

許多組織的領導者為組織需做哪些改變設定了一套程式，但是這種方式通常會遭遇到很大的抗拒。

研究領導變革的權威學者約翰・科特說：「根據大多數的評估，這類型的變革努力，只有少數幾家公司完成了他們的目標。我所研究過的一百家甚至更多的公司案例中，不到十五家成功地完成轉型。」[17]問題之一是，大多數的領導者認定變革就是「下條子」或是直接告訴大家：整個組織要做改變。「很多領導者往往一開始就是開個會，或是把某個顧問的提案報告傳給大家看一遍，然後就希望大家做出成果。這樣是行不通的。」

模里西斯的德查拉杜美商學院執行主任艾瑞克・查魯斯發現了一個更好的辦法。計畫在學校內進行改革時，他知道他得對所面臨的抗拒做抉擇。他告訴我：「在制訂學校的運作政策和結構時，在資源和心理兩方面，我們開始遇到很多阻力。要處理這些阻撓，我們有兩個選擇：一個是從上面施壓，強行控制及執行變革──另外就是採用提問法。」最後他和同事發現，使用提問法是比較好的選擇：

「我們就規定大家使用提問法並開始練習，更在需要的時候運用。我們發現使用提問法讓我們做更多探索、減少困擾、澄清狀況、把衝突轉化為困惑、激勵眾人及把挫折感變成成就感。總而言之，提問法讓每個人更投入。」

一個組織變革的範圍有多大，必須視其領導者如何要求幕僚在預測組織對變革所衍生的回應而定。優秀的領導者同時用提問法推動和引導變革行動。每個問題都要有答案，所以問題就如同催化劑

一樣，會讓人重新思考並啟發新的行動。[18]經由技巧性的提問，獲得一些契機，員工會發現新的探索途徑，也會繼續發展他們的個人事業前途。優秀的領導者提出策略性的問題，並挑戰他們的部屬去找答案。古登伯格指出，提問法所造成的新機會是通知與輿論辦不到的。[19]通知只是讓人機械性地照做。相反地，適當的提問可引導出適當的行動，不好的問題或是隨隨便便的問題則導致脫軌、無法完成目標，以及損失慘重的錯誤。

羅莎貝絲·肯特（Rosabeth Moss Kanter）則認為，無論任何變革，都需要領導者使用提問法去挑戰組織中流行的看法：

·領導者需要發展出一種我所謂的「萬花筒」式的思考方式 ── 從可用資料的各種角度建構思考模式，再巧妙地運用成為千變萬化的模式。對組織、市場或社區等部分應該如何緊密結合在一起，他們一定要不斷地質詢自己對這些問題的假設。求變的領導者要記住一點：一個問題可能會有好多個解決辦法，所以應該透過不同的角度尋找答案。[20]

當領導者使用提問法推動改革時，他們就是在告訴大家，他們並沒有全部的答案，而且他們願意改變自己。這麼做等於送出一個強烈的訊息。來看看辛蒂·史都華的經驗：

一九九九年，當我成為中賓州家庭保健委員會的執行長時，我需要將公司慣存的工作導向的官僚體系文化，轉變成一個功能更強、鼓

勵團隊合作的環境。透過提問型領導方式，我才能親身示範，展示我願意學習的誠意、願意服務的熱忱及謙遜的態度。我的員工現在知道我是一個隨時可供諮詢的上司，他們很清楚自己該達到什麼樣的客戶期盼，也願意把重要資訊帶到工作上，並隨時找機會改進工作品質。這些都對我的成功極為重要。

　　在領導方式改變時，**如何式**問題往往在此時最有用。我們都知道要往哪個方向走，問題是**如何走到那裡**？領袖對領袖學院董事會主席法蘭西絲‧海索本建議，領導者應將如何式問題聚焦在：「我們可以如何挑戰現狀 —— 用**這個方法**做事？我們如何用更少的資源滿足更多的需求？我們如何在地方性與全國性組織間搭起橋梁？」等問題上。她又說：「在這些混亂的時候，我們提出的問題幾乎都比所得到的回應還重要。」[21]因為**如何式**問題會激勵大家找尋出路。

　　在紐約羅徹斯特的美國盲人及視覺障礙者協會 —— 善念機構 —— 的董事長暨執行長蓋姬特‧霍普，同樣用**如何式**問題塑造公司策略性願景。她最近使用的問題如下：

- 我們如何確保公司會持續給予我們財務支援？
- 假如董事會不做微觀管理，如何讓員工負起責任？
- 就我們試圖在困境中發展新事業這一點上，我們該如何更有效地與董事會進行溝通？

　　創造學習環境的組織，使改變成為組織生命中的一部分，畢竟，學習的意思就是改變。做為領導者，我們可以透過提問法及在整個組織中建立提問型文化的方式，創造一個靈活的、隨時歡迎變革的組織。

提問使組織轉型

　　提問有使大大小小的組織轉型的巨大力量。在我們制訂策略時，提問使我們與客戶、市場、賣主、社區及其他投資人緊密相連。諸如此類的問題有助於塑造組織價值，讓眾人投入，而靈活性高的公司更使用提問法來推動改革。

　　「當我們提問與傾聽答覆時，」道格拉斯・伊頓告訴我，「我們和客戶間就建立了互信及扎實的生意關係。如果我們問的問題很好，也真心聽他們的回答，那麼我們所得到的解決辦法就真的很有效。我們要謙虛，承認我們不知道所有答案，所以才需要提問。」

問題思考：

1. 我該如何改變組織的文化？

2. 我該問什麼問題，以轉變組織的願景和價值觀？

3. 什麼樣的問題能讓組織適應快速變化的環境？

4. 我該如何使用提問為組織帶來新觀點？

5. 我可以問什麼問題來擴張組織的業務？

6. 我能如何透過提問來更吸引、激勵顧客或客戶？

7. 我們該如何運用科技，和利害關係人有更好的溝通？

8. 我該如何用提問法連結全部的產業鏈？

9. 我該如何用提問法和合夥人建立更好的合作？

10. 什麼樣的問題能讓我的組織轉型？

| 結語 |

成為一個提問型領導者

　　幾乎每個人都聽過一句諺語：**境隨心轉**。這句話若是換成**境隨問轉**，也許更真實。有些人一輩子都很成功，卻總是無法登峰造極，是因為那些發生在他們身上的事，或是他們對別人說過的話所造成的；而那些之所以能登峰造極的人，則是因為他們質疑那些發生在他們身上、他們周遭的人身上及他們周遭環境的一切事情。

　　約翰・科特也許是研究領導統御方面被大家引述最多的專家之一，他曾比較過領導者與經理人之間最主要的差異：領導者是那些提出適當問題的人，經理人則是銜命要回答那些問題的人。[1]提出適當的問題，使得領導人找出有哪些適當的事情要做；回答適當的問題，則讓經理人去做適當的事。

　　提問型領導方式的重要性及強大力量，是本書主旨所在。了解在何時、何地、為什麼與如何提問，可以幫助領導者強化與員工的關係、組成堅強的團隊、創造穩固的學習文化、建立與客戶和其他投資人的良好關係，和支持策略性的變革。不僅如此，當我們把提問變成日常工作後，它也同時改變了我們。

提問法改造我們

本書前幾個章節在強調提問法對領導者本人及相關人事物所產生的影響。提問法幫助提問的人更了解自己、更清楚知道自己所作所為的原因，並且更確知自己在想什麼。正如亞當斯所述，一個不斷求發展的學習者，想要在一個有權有勢的職位上做事，他就必須保持好問的心態。[2]而如同美國鋁業公司的麥可‧寇門所說：「我問的問題對我做為一個領導者造成很顯著的影響。我把提問看成獲取知識的關鍵方法，它使我更有信心。」

庫茲和波思納說明了提問如何拓展我們的視野、讓我們對自己的觀點更能負責，從而幫助我們跳脫自己所設的限制。[3]茹博夫（Zuboff）則指出，我們是「組織語彙的囚犯」。[4]字彙可以用一種特別的方法，不是把我們困在思索自己角色扮演與關係的囚牢中，就是給我們更多美好的新機會，讓我們獲得自由。

提問型領導者能夠放下自我需求，以取得所需的答案。他們不再堅持自己一定是對的，這樣才能讓別人也有對的時候。他們放棄了保護他們的柵欄，讓自己更公開、更平易近人。採用提問型領導方式的領導者更容易摘下自身的假面具，做真正的自己。問與答，對那些有彈性、有自信完成問答的人來說，助益甚大。

納吉布‧馬哈福茲（Naguib Mahfouz）是榮獲諾貝爾文學獎的埃及作家，他寫道：「你可以從一個人的回答判斷他聰不聰明。但是，你可以從一個人的問題判斷他有沒有智慧。」艾德格‧史甘在新書《幫助》（Helping）中寫道：「二十一世紀的領導者面臨到的

最重大挑戰，是學習謙卑地詢問，意指未來的領導者將越來越依賴下屬，必須學習怎麼求助，並創造出讓下屬願意開誠布公、協助他人的工作氛圍。」[5]

提問法使我們的心態重新引導到幫助其他人成功的方向，這比替別人尋求成長機會的傳統做法又更進一步。提問型領導者明白他們並沒有全部的答案，謙卑的態度使他在為別人服務時格外有力。提問法幫我們看清楚，透過服務而非指導的方式領導更為有效。當你提出問題時，你表現出來的是，你給別人機會領導你。

《創新的領導者》（*The Innovative Leader*）的作者保羅・史隆（Paul Sloane）建議領導者，每天工作結束前問自己五個問題：

1. 今天發生在我身上最棒的事情是什麼？
2. 如果今天能重來，我要怎麼做得更好？
3. 明天我需要達成的最重要事情是什麼？
4. 我明天可以嘗試什麼新事物？
5. 誰是我生命中最重要的人（或一群人）？我為他們做了什麼嗎？[6]

成為提問型領導者

當你的領導方式突然從通知型轉變為提問型，剛開始可能會讓你在同事 —— 特別是部屬 —— 面前顯得倉皇失措。那麼接下來，領導者該如何練習提問型領導法，讓自己在提問時更順暢、表現更

好呢？亞當斯建議你可以採用下面幾個步驟：

1. **從更深入了解你現在提出的問題與別人問你的問題開始做起**。注意觀察哪一種方法有用。我們傾向於反射式回答問題，而不是深思熟慮後才做答，但有效的提問是有意識去做的事。

2. **試試看這個簡單的測驗**。強迫自己在一個小時內不能提問。這將使你的注意力放在提問的重要性上，你會發現，就算沒有發出聲音，還是會在腦袋裡默默地問了許多問題。

3. **靜靜地問你自己更多問題，思索你的想法**。當你開始有意識地觀察自己的想法時，你就可以更有意識地把它勾勒成形，引導你做更好的思想建構。更多有效的提問將導引出更好的答案與行動。舉例來說，故意問你自己一些問題：這是什麼意思？我同不同意？這樣怎麼會有幫助？這種情形如何相符合、相牴觸或是可以延伸我原先所相信的？

4. **問別人問題前先問自己一個問題**：我要這個問題達到什麼目的？小心地包裝問題，你就可以鼓勵對方協同思考，而不會讓人覺得這個問題使他受到威脅。

5. **鼓勵員工問你問題**。當然，這會導引出更好的想法與行動。

二十一世紀的提問型領導

甘迺迪總統在他一九六一年就職演說中，要求所有美國人問自

己一個不一樣的問題：「不要問你的國家可以為你做什麼，問你可以為你的國家做什麼。」提問法的力量實為驚人，而在美國華府那個冷峭的一月早晨，甘迺迪總統對全美國人的殷勤 —— 問自己能為國家做什麼 —— 確實激勵了新一代人民重新思索他們的價值觀和優先順序：多為人服務、少接受服務。提問其實就是那麼有效。它們的確是領導者所能運用的最有力的工具，它們能達到極多的結果，提問的力量可以改變個人、團體、組織、社區，甚至國家、全世界。

未來，優秀的領導者將必須一貫地使用提問法接收回饋、蒐集新創意。他們需要向不同的投資人詢問他們的想法、意見和回饋。提問將被視為獲得有關潛在客戶、供應商、團隊成員、跨部門工作人員、直屬報告、經理人、組織內其他成員、研究人員及領導者資訊的重要來源。領導者將會用不同的方式提問：透過領導統御守則、滿意度調查、電話、語音信箱、電子信件、網際網路、衛星傳送及面對面的會談。

未來的領導者也會比較自在地向部屬提問，他們會鼓勵大家多動腦，並用提問法引導部屬，而不是只提供答案。他們開誠布公，不再裝出自己什麼都懂的樣子。未來的領導者更善於運用提問的藝術，而非回答的藝術。實際運用這項藝術需要各種不同層次的誠實和激勵，而這些是很多當今領導者所不知道的。領導者正是需要利用這門藝術，才能開始與部屬們分擔責任，然後才能增進組織的生產力與成果。

那些會提問、會處理資訊、保有高效率學習態度的領導者所建

立的組織，將比那些反應遲緩、懶散的競爭對手有更龐大的競爭優勢。採用提問型方式的領導者也將創造一個更人性化的工作環境與更成功的企業。他們會真正的激勵員工、改善組織。我衷心希望本書的讀者將他們的領導方式從聲明型轉變為提問型，讓他們成為二十一世紀更成功、更完滿的企業領袖。

問題思考：

偉大的領導者會問偉大的問題，而偉大的問題可以協助我成為偉大的領導者。

1. 我要如何提出偉大的問題？

2. 我要如何用提出偉大的問題來成為偉大的領導者？

| 附錄一 |

受訪企業領袖小傳

夏米爾‧埃里（Shamir Ally）： 國際顧問與金融諮詢服務（International Consulting and Financial Services）公司的總裁兼執行長。他是蓋亞那人（Guyana），擁有將近三十年不同產業工作的經驗，包括電子業、服裝業、印刷與包裝、保險、製藥與礦業。

法蘭克‧安卓契（Frank Andracchi）： 星座能源集團副總裁。他在一九六九年加入該公司，做過工程師、結構總監、分區經理、工廠經理和地區經理。在加入星座能源集團前，法蘭克曾經是奧登聯合服務公司（Ogden Allied Services）資源修復運作部的地區經理，曾在長島電力公司（Long Island Lighting Company）工作過十九年。

傑夫‧克如爾（Jeff Carew）： 一九九二年一月進入科萊特集團，從一個月薪1,200美元的基層收費員做起。他現在是該集團的副總裁。科萊特集團為美國、加拿大幾家大信用卡發卡公司服務，旗下員工超過六百五十名。

艾瑞克‧查魯斯（Eric Charoux）： 模里西斯德查拉杜美公司的合夥人，也是德查拉杜美商學院的執行董事。在非洲，艾瑞克

有多年培訓主管、經理人和監督者的豐富經驗。他也與波札那（Botswana）、南非、史瓦濟蘭（Swaziland）和辛巴威（Zimbabwe）等國的大型組織多次合作。

彼得‧鄭（Peter Cheng）：新加坡暢步組織發展顧問公司的創辦人之一，曾訓練過亞洲和歐洲數千位領導者。彼得近來發展了提問領導學院（Leading with Questions Academy）。

麥可‧寇門（Mike Coleman）：美國鋁業公司田納西州諾克斯維市硬式包裝部的分銷處副總裁，負責該公司鋁罐回收業務。他是為公司提供策略導向的資深領導團體主管協調會成員之一。在一九九八年加入美國鋁業前，麥可是北極星鋼鐵公司（North Star Steel）總裁。現在也是鋼鐵公會（Steel Manufacturers' Association）主管會議及鋼鐵工程協會（Association of Iron and Steel Engineers）執行委員會的成員。

道格拉斯‧伊頓（Douglas Eden）：他在一九七八年初進嘉吉啤酒美國分公司時，只是明尼亞波利總部的助理會計師。在成為公司總裁之前，他曾做過泰國與澳大利亞及美國八大城市分公司的資深經理。

榮恩‧埃德蒙遜（Ron Edmondson）：肯塔基州萊辛頓市的以馬內利浸信會牧師。身兼公司負責人與靈性領袖的榮恩，擁有超過

三十年的領導經驗。他也是芥菜種會（Mustard Seed Ministry）的創辦人。

尚－保羅‧蓋拉德（Jean-Paul Gaillard）：品德咖啡公司總裁。過去曾是莫凡彼餐飲集團和雀巢美國分公司的執行長，也曾任菲利普莫里斯歐洲區和華納電子的行銷經理。

馬克‧哈普（Mark Harper）：目前是康菲石油公司美國批發行銷總裁。從食品包裝、食物服務到石油市場，他的市場經驗超過二十四年。他曾為英國石油公司（British Petroleum）、托斯科石油公司（Tosco）以及飛利浦石油公司（Phillips Petroleum）工作過。

羅伯‧霍夫曼（Robert Hoffman）：諾華集團組織發展執行主任，二○○一年進入該公司。之前在華納蘭伯特藥廠做過十二年，擔任不同的企業人力資源職務。

查德‧哈樂戴（Chad Holliday）：杜邦公司董事長兼執行長。查德是該公司逾兩百年歷史上的第十八位領導人，也是上一屆世界穩定發展商業委員會（World Business Council for Sustainable Development，WBCSD）主席。同時也是《邊走邊談》（*Walking the Talk*）一書的共同作者，該書詳列企業界穩定發展與企業責任的不同案例。

蓋姬特・霍普（Gidget Hopf）：紐約羅徹斯特的美國盲人及視覺障礙者協會與善念機構董事長暨執行長，畢生全心投入殘障事業。她從幫助有發展障礙者做起，一九八六年開始協助盲人。羅徹斯特的課程提供理解復健、事業與訓練服務，它擁有一個食品服務企業和一個製造部門，有八十名員工是盲人或視障者。蓋姬特擁有喬治華盛頓大學人力資源發展的博士學位。

潘姆・約里奧（Pam Iorio）：在二〇〇三至二〇一一年期間擔任佛羅里達州坦帕市市長。她是《率直前行：生活與領導》（*Straightforward：Ways to Live and Lead*）的作者，也是領導相關主題的主講人。

湯姆・賴夫林（Tom Laughlin）：卡拉維拉公司總裁，這是一家總部位於明尼蘇達州首府明尼亞波利的國際領導與團隊發展顧問公司。他擔任過通用食品公司（General Mills）烘焙產品部的行銷主管，也做過許多公司的業務、製造與營運部門經理。

瑞克・藍得曼（Rick Lendemann）：蘇達士荷大學技術學院（Facilities College, Sodexho University）的副院長，他負責行動學習鑑定學位課程。畢業於猶他州的楊百翰大學（Brigham Young University），獲得拉丁美洲研究學士學位。

蘇珊・米其林（Suzanne Milchling）：國防部國家安全小組主管，

當毀滅性武器引發恐怖行動緊急情況時，她需負責提升軍隊、聯邦政府、各州及地方的反應能力。

文國鉉（Kook-Hyun Moon）： 金百利公司（Yuhan- Kimberly）總裁兼執行長，以採用提問式領導聞名於世。在公司二十九年期間，文國鉉使用過各種提問法。該公司是美國金百利克拉克公司（Kimberly-Clark）和韓國化妝品生產公司Yuhan集團合資的企業，是全南韓最受消費者歡迎的公司之一，曾贏得 二○○三年翰威特公關公司（Hewitt Associates）主辦的「全亞洲最佳雇主獎」。

查爾斯‧奧思隆（Charles Ostland）： 在一九九九年成為奧克登高中校長之前 ，已當了二十五年的教師，最近剛從該校退休。他任職期間奧克登高中有二百二十名員工，包括近一百六十位教師。

珍妮特‧帕特洛（Jeanette Partlow）： 馬里蘭化學公司的總裁。該公司客戶包括食品和飲料、環境保護與矯正、金屬製品、化學、製藥、電子產品及其他一般工業用品。她目前正著力於將一種文化轉移到業務管理系統和新一代的自主管理上。

伊凡第‧若賈布（Effendy Mohamed Rajab）： 瑞士日內瓦世界童子軍運動組織的資深訓練與發展主任。目前該組織在全世界有一百五十四個分支機構。在二○○○年擔任新加坡童子軍協會執行主任前，伊凡第曾在一家石化公司做過十九年的資深消防安全官。

伊莎貝爾‧瑞馬諾奇（Isabel Rimanoczy）：國際管理領導統御公司合夥人暨執行教練，她將在拉丁美洲、歐洲與美國及亞洲等地的工作經驗發表成無數文章。她訓練過一百五十位以上的學習教練，也與人合著《學習教練手冊》（*Learning Coach Handbook*）、《領導者教練手冊》（*Leader Coach Handbook*）和《合併與收購手冊》（*Mergers and Acquisitions Integration Handbook*）。

大衛‧洛克（David Rock）：神經領導力研究院的共同創辦人、神經領導力團隊（NeuroLeadership Group）公司的執行長。神經領導力團隊是一間跨國顧問培訓公司，在二十四個國家都有業務。他的著作繁多，包括《大腦領導》（*Coaching with the Brain in Mind*）和《寧靜領導》（*Quiet Leadership*）。

大衛‧司密克（David Smyk）：在許多企業如安泰壽險（Aetna Healthcare）、飛利浦（Philips）、拍立得（Polaroid）和夏普電子（Sharp Electronics）等大公司的公司基金、財務報告、會計收帳、信用擴張和人力資源管理方面，有超過二十年的經驗。二〇〇一年，他成為健保執行（Healthcare Executive Partners）這間銷售與策略思考公司的合夥人。

辛蒂‧史都華（Cindy Stewart）：中賓州家庭保健委員會公司總裁兼執行長。在此之前，她是蘭卡斯特郡家庭服務中心的總裁與

執行長、位於蘭卡斯特郡郊外的威許山醫療與牙科中心（ Welsh Mountain Medical and Dental Center）的執行主管。辛蒂目前是蘭卡斯特郡房屋與再開發管理局的主席，同時也是賓州社團管理協會（Pennsylvania Society of Association Executives）會長。

J・麥克・史戴斯（J. Mike Stice）：門徑中游夥伴公司的執行長，該公司為總部位於奧克拉荷馬州的石油及天然氣公司。麥克過去曾在康菲石油公司工作了二十七年，期間曾任卡達康菲石油分公司的總裁。

潘提・辛登曼拉卡（Pentti Sydänmaanlakka）：擁有豐富的歐美亞等地的人力資源管理經驗。一九九三年起，進入諾基亞網絡公司擔任人力資源部門主管。二〇〇二年，他創辦自己的顧問公司波泰顧問公司（Pertec Consulting）。他曾做過芬蘭人力資源管理協會（Finnish Association of Human Resource Management）主席，也曾經為尼斯朵夫電腦（Nixdorf Computer）、西門子尼斯朵夫資訊系統（Siemens Nixdorf Information Systems）、康恩集團（Kone Corporation）和 VIA 集團工作過。著有《建構智慧型組織》（*An Intelligent Organization*）。

馬克・塞隆希爾（Mark Thornhill）：二〇〇二年一月成為美國紅十字會中西部分會的執行長。在此之前，馬克做過主要行政官與紐約賓州地區分會捐血服務部主任，他領導該分會時，整個血液蒐

集量大幅成長了百分之二十八，AB型血液蒐集量更增加了三倍之多。在他的領導下，該分會的血液蒐集開銷下降了百分之二十七，各單位所花的時間則減少百分之十五。在此之前，馬克是阿拉巴馬州伯明罕地區的捐血部主任與產銷部主任。

嘉雅・沃里爾（Jayan Warrier）：自由領導（Latitude Leadership）顧問諮詢公司的負責人，也是行動學習全球學院新加坡分部（World Institute for Action Learning － Singapore）的共同負責人。人才及領導開發相關組織是他的合作對象。

蘇・惠特（Sue Whitt）：在企業領導統御與專業諮詢方面有逾二十五年的經驗。她曾在製藥業擔任過極多的資深領導角色，包括華納蘭伯特帕克戴維斯（Warner Lambert Parke- Davis）、輝瑞藥廠和亞伯特實驗室等。

| 附錄二 |

行動學習——提問型領導者的訓練課程

　　在一個變動不居的新紀元，當明天必定不同於昨天時，一定會產生新的思考方式。新問題必須在找到答案前提出來。在有風險的情況下，領導者需要學習如何問適當的問題，而不是找別人已經知曉的答案。我們要以行動做到用新的方式思考，而不是想像我們將如何用新方式行動。

—— 雷文斯（Reg Revans），行動學習之父

　　你已經學到，提出正確的問題是成為成功領導者的基石。現在你可能想知道該如何在組織的領導階層中，培育出根深柢固的提問文化。為了達到這個目標，對你和你的團隊來說，最有價值的工具之一就是「行動學習」。行動學習要求每個人和團隊成員都要在有風險的條件下，以提問法找出解決方案。只要發展以提問為基礎的行動學習技巧，任何人都可以駕輕就熟地找出能讓自己變成更好領導者的問題，並提出那些疑問。

行動學習如何發展出提問型領導者

　　行動學習以解決問題時一邊學習的團隊做為基礎。在每一個行

動學習的會議中，每位團隊成員要指出實務做法，並就該成員所選的領導技巧得到相關回饋。由於提問是行動學習的基本原則，所有成員都會持續展示並改善他們的提問能力。

　　全球有越來越多的組織開始採用行動學習法，做為培育他們現在與未來領導者的主要方法。在許多以行動學習做為領導統御發展課程核心的公司裡，諾華集團、諾基亞、三星（Samsung）、奇異電器、富國銀行集團（Wells Fargo）、西門子（Siemens）、波音（Boeing）、索尼音樂娛樂（Sony Music）、微軟（Microsoft）、松下電器（Panasonic）都是其中著名的公司。此外，像是美國大學（American University）、荷蘭商學院（Business School of the Netherlands）、哈佛大學、普瑞托利亞大學（University of Pretoria）與塞佛大學（Salford University）等學術機構，則將行動學習做為學校執行領導統御課程的基礎理論。

什麼是行動學習的基本要素？

　　簡單地說，行動學習是一個過程，指的是一些人在一個小型團體中以行動解決真正的問題，他們同時以個人、團體以及組織的不同角色在這個過程中學習。[1]行動學習有六個要素：

1. **一個問題。** 行動學習會繞著一個問題轉 —— 一個企畫案、挑戰、議題、工作、對一個人或團體和組織而言很重要的解答。這個問題應該很顯著、很緊急，並且是團隊必須負責解

決的。它也應該給這個團體激發學習機會，增長知識、發展個人、團隊與組織技能的機會。

2. **一個行動學習團體。**行動學習的核心實體是一個行動學習團體，亦稱為一幫人（set）或一組人（team）。這個團體最好是由四到八人組成，這些人能夠檢視組織中不容易找出解決辦法的問題。這組人應該有不同的背景與經驗，才能提出不同的看法與新鮮的觀點。

3. **一個注重深思後提問與省思式傾聽的過程。**行動學習強調提問與省思的重要性遠超過陳述和看法。重點是提出適當的問題而非適當的答案。行動學習點出的是你不知道的是什麼、你知道的又是什麼。參與訓練課程的成員以提問顯現問題的真正本質，省思與找出可能的解決辦法，那時候才會採取行動。焦點是所提出的問題，因為好的解決辦法蘊藏在好問題的種子中。提問可用來打開團體對話與團結、激發創意與系統式思考、加強學習成果。

4. **一個行動的要求。**行動學習需要小組能夠付諸行動解決他們所研究的問題。行動學習小組的成員必須有自己行動的權利，或者獲得保證，除非在這個環境中有很顯著的改變或這個小組很明顯地缺乏必要的訊息，否則他們所做的推薦將得以實施。行動會促進學習，因為行動為重要的反映面向提供了一個強固的基礎。行動學習的行動從重新勾勒問題和決定目標，然後才決定策略與採取行動等步驟開始。

5. **一個致力於學習的承諾。**為組織解決問題給公司帶來立即但

短暫的利益。不過若是每個小組成員及整個小組共同學習，並將這些學習擴大至全組織的系統基礎，將可以為公司帶來更多長期的多種利益。因此，對組織而言，從行動學習所產生的學習，比早期糾正問題所得的立即戰略效益有更大的策略價值。就這一點來看，行動學習把領導者和小組的學習與發展看得和解決問題一樣重要，小組越聰明，做決定與採取行動的品質就越高超。

6. **一個行動學習教練**。指導團隊如何聚焦在重要事項（意即學習）及緊急事項（解決問題）上，是極其必要的。行動學習教練幫助小組成員同時省思他們在學什麼以及他們要如何解決問題。透過一連串的提問，教練會使小組成員省思他們如何傾聽、他們該如何重新勾勒問題、他們如何給彼此回饋、他們如何計畫與運作、用什麼假設可把他們的信仰與行動描繪出來。學習教練也幫助小組專注在他們獲得什麼成果、他們發現哪裡有困難，還有他們用哪些步驟及如何實施那些步驟。教練的角色可能由小組成員輪流擔任，也可以用指定的方式，在小組運作的整段期間，都由同一人擔任。

如何進行行動學習訓練課程？

行動學習小組可以開一次或幾次會，視問題的複雜程度和解決問題所需的時間而定。行動學習會議可能一次開一整天，或在幾天甚至幾個月內分幾次召開。一個小組可能需要處理一或多個問題。

然而，無論時間長短，行動學習一般都依據下列幾個步驟與程序來進行：

1. **組成小組**：小組的形成可以採取志願參加或指定，他們要處理的問題可能是一個組織問題，也可能是各個部門裡的問題。小組可能在開會前就先設定好會議長度和開會日期，也可以在第一次開會時決定。

2. **告知成員問題或工作內容**：問題呈報人把問題簡扼地向小組成員報告。這個呈報人可以繼續留在小組內做為成員之一，或者暫時退出，等候小組推薦。

3. **重新勾勒問題**：通常在行動學習教練指導下提出一連串的問題後，小組會就他們應該解決哪些最重要和最嚴重的問題交換意見，並記下要點達成共識，而這些往往和早先報告的問題已有所不同。

4. **決定目標**：一旦關鍵問題或議題決定後，仍然是透過提問法，幫助小組尋求一個共同目標。而且在解決問題時，必須為個人、團隊或組織都能帶來長期的、正面而非負面的後果。

5. **制訂行動策略**：小組的大部分時間與精神，將花在找出和試驗一切可能的行動策略上。如前述的行動學習步驟，策略必須透過提問與對話省思而來。

6. **採取行動**：在行動學習會議期間，成員個人及小組本身都要蒐集資訊、找出支援情況、實行小組所制訂且同意的策略。

7. 掌握學習成果：會議進行中，行動學習教練可以隨時介入，向成員提問，使他們看清楚問題、找到方法改善小組表現，並發現他們的學習成果可以如何用於組織及自己的生活上。

行動學習如何培育提問型領導者

狄沃施指出，大多數組織使用的領導統御發展課程，是可以「製造出基本上能讀寫的人，讓他們能夠處理複雜的解決問題模式，但實質上卻與必須列入考慮的人性面有一些差距。因此，領導者可能會變得善於縮減開支與企業重組，卻不知如何處理員工士氣低落和想辦法解決更長期的挑戰。」[2] 行動學習不同於一般的領導統御發展課程，它需要每個人與團隊成員在有風險的情形下，提出適當的問題，而不是找出別人可能早已發現的答案。[3]

大多數管理發展課程的重心只放在單一面向上；相反地，行動學習並不只從經理人的角度做單向的發展，它是為整個組織的所有領導階級做發展，這樣才能導引出更大的效益。領導者學到什麼以及他們是如何學到的，兩者息息相關，因為一個人如何學習，一定會影響他的學習成果。行動學習中的如何學習，就是透過提問法而來。

學習成果不會僅是現有的知識而已，經理人也需要研究他們不熟悉的事務，才能增進本身的工作能力。狄沃施表示，行動學習所教導的領導統御技巧是鼓勵新鮮思考，以避免領導者面臨明日的挑戰時，還在用昨天的解決辦法解決今天的問題。行動學習給經理

人一個機會「在發現如何發展他們自己時，擔負起適當程度的責任。」[4]

　　孟佛特（Mumford）相信，行動學習對發展中的領導者非常有效，因為它包括三個在管理發展上相當重要的因素：

1. 比起大多數領導統御發展課程所用的診斷、分析或推薦行動，採取行動能引導出更多的學習。
2. 經理人在執行對他人別具意義的企畫案時所學到的東西，遠比他們在不夠具體的問題上費盡心思還不得其解所學到的多得多。
3. 領導者從其他人身上學到的，比從非經理人或從未當過經理人的老師身上學到的更好。[5]

　　行動學習的一個重要結果是領導者的培育完成，這種領導者把提問列為不可或缺的一項領導工具。在行動學習時，每個人有充裕的時間練習和驗證提問的藝術。提問是行動學習的心臟，主控其成功與否。在行動學習教練的指導下，小組會思索個人及團隊所提出問題的品質與影響。在行動學習中，找出適當的問題比回答不適當的問題來得重要（不論回答得有多好）。這種對別人與自己提問的習慣，正是行動學習的優點之一。[6]

　　如前所述，行動學習的主要方法與其他領導統御課程和解決問題取向不同之處是，它著重提問而非解答。唯有透過提問，才能使團隊真正獲得這個問題的共識、讓大家知道每個成員有哪些潛在策

略，以及獲得有創意的突破性策略與解答。適時提出的適當問題，就像黏著劑一樣，把整個團隊緊緊黏在一起。答案的種子就在所提的問題之中。所以問題問得越好，答案就越好 —— 學得也更好，省思越深刻，個人與小組的競爭力發展得越好。

透過提問法，可以完成行動學習小組的許多目標。提問法使成員了解問題、澄清疑惑，並找到新探索途徑以解決問題。提問也為策略行動與解決方法的潛在路徑提供了新的觀點與想法。提問法更是個人、小組與組織學習 —— 特別是培育提問型領導者 —— 的基礎。

行動學習時，以提問為優先

大部分的行動學習力量，是建立在能激發省思的問題上，因此，它非常鼓勵行動學習小組和教練在開會時建立這樣的基本法則：**唯有在回應問題時才能做意見陳述。**

這個基本法則並非禁止使用意見陳述，事實上，在行動學習會議中，意見陳述的次數可能比提問次數更多，因為每一次提問，其他成員的回應可能不止一個，所以有時一個問題可能會出現五到十個意見陳述。

儘管如此，如果要求大家以「提問第一」，整個小組的動力都會發生轉變，使陳述意見與批評的本能改變為傾聽與反省。一旦小組獲知要討論的問題或任務後，在進入解決問題的意見陳述之前，成員首先會提問以澄清這個問題。在行動學習中我們知道，提問的

次數和品質，與最後行動及學習的品質有密切關聯。平衡提問與意見陳述的次數會產生意見交換，這種意見交換是主張與詢問之間很好的平衡方式。

　　這個基本法則對行動學習小組非常重要。第一，它強制小組裡的每個人都要思索如何提問，思索詢問而非陳述己見和立場辯護。提問使大家團結，陳述己見則造成分崩離析。在一個重視提問的環境中，還需要大家傾聽彼此的意見。提問可以避免全場被一個人霸占發言的情況出現，反而會讓大家密切合作。

　　但是這個基本法則通常會引起兩個問題。其一，這個法則不是會限制成員間的自由交流嗎？沒錯，這的確可能減緩溝通的速度，但是在行動學習中，這是一種正面的結果，因為從傾聽開始，它促使成員多做省思和創新。其次，會不會有人擅自竄改這個法則，故意在陳述意見時的末端提高音調，讓它聽起來像是個問句？這完全有可能，然而一旦任何意見陳述轉變為問句時，選擇權就轉移到回答這個問句的人身上，他可以選擇同意或不同意，他也可以選擇省思這個問題，或是用更多自己的問題做為回答。

　　行動學習成員很快地就會在溝通上適應這種方法，並能勝任愉快。當行動學習小組體會到提問法的驚人效益後，他們就會樂意地奉行這條法則。它使成員重新找到溝通與學習的本能 ── 他們在牙牙學語時，被大人不斷地用「不要再問問題了」封住嘴巴以前所使用的方法。小組工作的品質和互動間的適應程度，經常會使成員也將這個法則運用在組織生活中的其他部分。

　　解決問題時，通常成員考慮過和使用過的知識才會被他們帶進

小組。這麼有限的知識，只能為這個問題找到一個增值慢、了解淺、平凡無奇的答案，它無法提供解決日趨複雜問題所需的知識或技術。僅靠程式化的知識，無法從系統觀點解決問題。

一個小組只能透過提問和省思（亦即行動學習的省思詢問過程），才能產生一個全面的、基礎廣大的觀點。將每個人看成是一個學習者和學習的資源，行動學習小組的成員就會一起激發出新知。從成員帶進來的知識所提出的各個問題，同時也建構了新知與學習。

最初的參考點是從提問而不是用舊知識開始做起，小組就能判斷目前所找到的資訊是否正確、符不符合情況所需。解決問題的關鍵是從問新鮮的問題開始，不是從過去的經驗建構和做假設。提問使小組揭開問題的外衣，看到解決問題應有的核心知識。

擔任行動學習教練的領導者

提問型領導方式的技巧與運用，可以促使行動學習的組員進步成長；若讓小組的領導者輪流擔任教練，他們所獲得的進步更大。擔任行動學習教練，會讓你大幅增進一些重要的提問技巧、價值觀與態度：

- **提問的能力**。行動學習教練必須具備的主要技巧是：能不能在一開始與後續追蹤的提問都能提出好問題。教練所問的問題要能夠使大家思考並覺得有挑戰性。他問的問題應該是表

達支持和正面的，而不是批評的。要能持續地提出好問題，行動學習教練必須對提問法的力量與提問時擔任行動學習教練的角色有堅定的信念。提出問題時的態度應該溫和，不可傲慢自大，所以教練事先要過濾、檢查選出來的問題是否真的對小組有幫助，此外，還要搞清楚這個問題有無可能導致顯著的學習與突破性的行動。

- **勇氣與誠實**。提問並不容易，特別是那些嚴酷的後續性問題，或者是那些需要做深入密集的靈魂探索的問題。行動學習教練必須具備勇氣與誠實，堅強而不會受回答問題者的階級或專業或人格特性所威脅。他也必須願意對協議達成或修正後的內容繼續保持存疑的態度。

- **時間感**。在合適的時間點介入，對行動學習教練是一種藝術。介入太早，小組或成員可能還沒有足夠的經驗找到充分的資料以做出最恰當的回應，因此可能使他們錯失了解的機會；介入太慢，過久的爭執可能使整個小組備感挫折，也讓他們錯失學習的機會。經驗的累積會幫助教練越來越能掌握介入時間。雖然抓對時間很重要，但其實任何時間介入都是很好的學習時機。

- **對過程和成員有信心與信任**。行動學習教練必須對這個角色有信心，也必須在信任行動學習過程和小組最後的成功上展現這樣的信心。教練應該向大家保證這個行動學習過程會成功，並明確地讓大家記住它的理論和原則（六大要素與兩個原則）。教練也應該相信小組裡的每一個人都有能力解決問

題，教練的工作只是啟發，把昨天的小組推向明天（這個工
作不像治療師，治療師是把你從昨天帶到今天）。只要對過
程和成員深具信心，行動學習教練就能更容忍模稜兩可的情
況。

- **價值與個性**。由於角色與生俱來的權力，所以行動學習教練
  應該知道，個人價值判斷與行動方式都會影響整個小組和行
  動學習的過程。單就出席會議這件事，教練就對小組造成很
  明顯的影響，因為成員知道教練可能隨時提出挑戰他們的思
  考和行動、所做與未做的決定的問題來問他們。因此，某些
  人格特性是行動學習教練需具備的，像是開放、耐心、誠
  實、正直、謙遜、不隨意批評、會自我反省等。就像赫曼·
  赫塞（Herman Hesse）《東方之旅》（*Journey to the East*）裡
  的領袖一樣，行動學習教練是很細心、很自然的，小組不會
  察覺到教練的影響有多大、多有效。直到沒有教練再讓他們
  依賴為止，否則他們不會知道教練有多重要。

- **很強的協調與計畫能力**。本章前面提過，行動學習教練除了
  這個角色外，他們還有其他不同的角色。這些角色需要很強
  的協調技巧、宏觀而又能應付細節的能力。既然教練要在小
  組甚至整個組織內外，維繫那麼多人的工作與互相配合的關
  係，這個角色需具備同時處理眾多事（能讓很多球同時待在
  空中）的能力。

- **絕佳的傾聽技巧**。成功的行動學習教練需擁有很強的傾聽技
  巧。他們不但要聽進別人所說的話，更要聽到那些別人沒說

的。仔細觀察與勤作筆記可使他們不會錯過誰說了什麼、怎麼說的、什麼時候說的、又是對誰說的。積極地傾聽需要很專注的注意力，專心聽使他們有「直升機式」的洞察力和全面性的看法。他們必須能夠遠離問題並專心在協助小組成長上。

- **全力投入學習**。行動學習教練必須渴望看到大家的學習。在行動學習會議中，就如做其他事一樣誘人，他們把全副精神放在學習上，而非討論的議題或問題上。他們了解、欣賞成人的學習方式，他們也視學習為生活的一部分。同時他們也意識到，學習者只會為自己學習。[7]

- **對小組成員的態度**。優秀的行動學習教練尊重每一個人、關心所有成員的福祉。他們希望每個人都在這個計畫案中獲得成功，並從中學到東西。這種為人著想和表達支持的能力非常重要。在他們眼中，小組成員應該都對這個問題和其他人好奇、體貼。這些態度會讓成員對教練更信任，也會讓成員彼此之間更坦誠。

- **自知與自信**。行動學習教練需要知道自己的優缺點，有足夠的自信替人著想，也才能迅速地恢復精力。謙遜的態度使他們表現出他們很願意也能夠學習。他們會希望別人認為他們是值得信賴的，以及他們有能力處理抗爭、不信任與忿怒。

| 附錄三 |
提問型領導者的培訓資源

行動學習全球學院（World Institute for Action Learning, WIAL）

　　如同我在〈附錄二〉中所述，領導者開發提問技巧最有效的方法之一，就是透過行動學習。行動學習全球學院與其成員組織已經用行動學習方法訓練過全世界數千位的領導者。行動學習全球學院也開發出為期一日或二日的提問式領導（Leading with Questions）工作坊。欲知道更多關於行動學習訓練、培訓領導者提問技巧的資訊，請至行動學習全球學院網站查詢：www.wial.org。

國際探詢學院（Inquiry Institute）

　　國際探詢學院設計了許多訓練課程，促進領導者和經理人在探詢和省思技巧上的專業使用。這些課程的內容大部分是以瑪瑞麗·古登伯格·亞當斯博士的暢銷書《改變提問，改變人生：生活與工作的十種強大工具》（*Change Your Questions, Change Your Life: 10 Powerful Tools for Life and Work*）中概述的「提問式思維」（Question Thinking™，QT）方法為基礎。該書主要探討的是領導者的心態，以及由「學習心態」與「批評心態」分別產生的問題類型。欲知更多資訊，請至網站查詢：www.InquiryInstitute.com。

提問領導學院（Leading with Questions Academy）╱暢步組織發展顧問公司新加坡分部（Pace-od Singapore）

提問領導學院╱暢步組織發展顧問公司以本書內容為基礎，設計為期兩天的工作坊。該工作坊結合了實驗性活動、商業案例、影片教學和互動式活動。欲知更多資訊，請至網站查詢：www.pace-od.com。

提問式領導網站╱部落格

資訊最豐富、也最有趣的提問法部落格由鮑伯‧泰迪（Bob Tiede）所撰寫，免費訂閱（www.leadingwithquestions.com）。鮑伯一週會張貼兩次睿智的建議，讓你增進「提問式領導」的技巧。這些內容來自他在學院傳道會（Cru）四十二年的經驗。他為學院傳道會未來領導者培育的一項核心技巧，就是「提問式領導」的能力。

鮑伯的部落格寫滿了領導者用提問法解決人生問題的故事。他的建議十分實際，也能應用在你的領導工作上。就算你已經當了很長一段時間的領導者，還是會受到挑戰，不妨嘗試以從未想過的方式提問。許多領導及提問領域的頂尖作者是他的客座部落客，為大家提供最好的問題，以及針對提問式領導的最佳建議。以下是www.leadingwithquestions.com最近的幾篇文章，供大家參考：

- 「我問的問題只有一個！」（"There is only one question that I ask!"）
- 你想知道一個顧問問了哪四個問題，就達到六位數的收入

嗎？（Would You Like to Know the Four Questions One Consultant Uses to Make a Six Figure Income?）

- 你能只用提問法就開除某個員工嗎？（Can You Fire Someone by Just Asking Questions?）

- 我們要如何用「必定失敗」的方法做事？（How Can We Do This in a Way That Will "Guarantee Its Failure"?）

- 如何成為像彼得‧杜拉克一樣的顧問？（How to Consult Like Peter Drucker）

- 你想知道一個專家問了哪四個問題，就讓陷入困境的公司／組織逆轉情勢嗎？（Would You Like to Know the 4 Questions That One Specialist Uses to Turn Around Companies /Organizations That Are in Trouble?）

- 你想知道華特迪士尼世界是怎麼讓紡織品部門85%的人員流動率降低至10%以下嗎？（Would You Like to Know How the Walt Disney World Textile Services Lowered Their Annual Employee Turnover Rate from 85% to Less Than 10%?）

- 我最喜歡的十個「提問式領導」引句（My Top Ten Favorite "Leading with Questions" Quotes）

- 你能回答列夫‧托爾斯泰（Leo Tolstoy）提出的三個問題嗎？（Can You Answer Three Questions Asked by Leo Tolstoy?）

- 停止解決問題，開始指導（Stop Fixing, Start Coaching）

註解

序言

1. Daudelin, M. (1996). "Learning from Experience." *Organization Dynamics, 24*(3), 36–48.

第一章

1. Cohen, G. (2009). *Just Ask Leadership: Why Great Managers Always Ask the Right Questions.* New York: McGrawHill.
2. Mittelstaedt, R. E. (2005). *Will Your Next Mistake Be Fatal?* Upper Saddle River, NJ: Wharton School, 101.
3. Janis, I. L. (1971). "Groupthink." *Psychology Today, 5*(6), 43–44, 46, 74–76.
4. Ibid., 76.
5. Collins, J. (2001). *Good to Great.* New York: HarperBusiness, 88.
6. Finkelstein, S. (2003). *Why Smart Executives Fail.* New York: Portfolio, 200.
7. Finkelstein, S. (2004, Winter). "Zombie Businesses: How to Learn from Their Mistakes." *Leader to Leader* (32), 25–31.
8. Tichy, N. M., with Cardwell, N. (2002). *The Cycle of Leadership: How Great Leaders Teach Their Companies to Win.* New York: HarperBusiness, 64.
9. Ibid., 60.
10. Ibid.
11. Parker, M. (2001, December). "Breakthrough Leadership." *Harvard Business Review*, 37.
12. Oakley,D.,&Krug,D.(1991).*EnlightenedLeadership*.NewYork:Simon &Schuster.
13. Kotter, J. P. (1998, Fall). "Winning at Change." *Leader to Leader* (10), 27–33.
14. Drucker, P., & Maciariello, J. (2004). *The Daily Drucker*. New York: HarperBusiness.

15. Mill, J. S. (1998). *On Liberty and Other Essays*. Oxford: Oxford University Press. (Originally published 1859.)
16. Collins, *Good to Great*, 75.
17. Crowley, J. (2004). "Enlightened Leadership in the U.S. Navy." Retrieved from http://enlightenedleadershipsolutions.com/lmd/lmd_articles.html
18. Abrashoff, D. M. (2002). *It's Your Ship: Management Techniques from the Best Damn Ship in the Navy*. New York: Warner Books.
19. Ibid., 33.
20. Tichy, *The Cycle of Leadership*, 61.
21. Ibid.
22. Goldsmith, M. (1996). "Ask, Learn, Follow Up, and Grow." In F. Hesselbein, M. Goldsmith, & R. Beckhard (Eds.), *The Leader of the Future: New Visions, Strategies, and Practices for the Next Era* (pp. 227–237). San Francisco: Jossey-Bass.
23. Ibid., 231.

第二章

1. Goldberg, M. (1998). *The Art of the Question: A Guide to Short-Term Question- Centered Therapy*. New York: Wiley.
2. Tichy, *The Cycle of Leadership*, 61.
3. Block, P. (2003, May). "Strategies of Consent." Handout at 2003 ASTD Conference, Atlanta.
4. Welch, J. (2005). *Winning*. New York: HarperBusiness.
5. Kouzes, J., & Posner, B. (2012). *The Leadership Challenge* (5th ed.). San Francisco: Jossey-Bass, 83.
6. Adams, M. (2004). *Change Your Questions, Change Your Life: 7 Powerful Tools for Life and Work*. San Francisco: Berrett-Koehler.
7. Goldberg, *The Art of the Question*, 8–9.
8. Adams, *Change Your Questions*.
9. Coffman, V. (2002, August). Interview with Lockheed Martin Chairman and CEO Vance Coffman. *Academy of Management Executive, 16*(3), 31–40.
10. Mitroff, I. (1998). *Smart Thinking for Crazy Times: The Art of Solving the Right Problems*. San Francisco: Berrett-Koehler.
11. Block, P. (2012). *The Answer to How Is Yes*. San Francisco: Berrett-Koehler.

12. Vaill, P. (1996). *Learning as a Way of Being: Strategies for Survival in a World of Permanent White Water*. San Francisco: Jossey-Bass.

13. Wheatley, M. (2009). *Turning to One Another: Simple Conversations to Restore Hope to the Future*. San Francisco: Berrett-Koehler.

14. Blanchard, K. (2003). *The Servant Leader*. Nashville, TN: Countryman.

15. Wheatley, *Turning to One Another*.

16. Goldberg, *The Art of the Question*.

17. Vaill, *Learning as a Way of Being*.

18. Goldberg, *The Art of the Question*.

19. Hii, A. (2000). *The Impact of Action Learning on the Conflict-Handling Styles of Managers in a Malaysian Firm*. Unpublished doctoral dissertation, George Washington University.

20. Badaracco, J. (2002). *Leading Quietly*. Boston: Harvard Business School Press.

21. Ibid., 172.

22. Dilworth, L. (1998). "Action Learning in a Nutshell." *Performance Improvement Quarterly, 11*(1), 28–43.

23. Morris, J. (1991). "Minding Our Ps and Qs." In M. Pedler (Ed.), *Action Learning in Practice*. Aldershot, England: Gower.

24. Collins, *Good to Great* (see chap. 1, n. 5).

25. Badaracco, *Leading Quietly*.

26. Caplan, J. (2006, Oct. 2). "Google's Chief Looks Ahead." *Time*. Retrieved from http://www.time.com/time/business/article/0,8599,1541446,00.html

第三章

1. Semler, R. (1993). *Maverick*. New York: Warner Books.

2. Goldberg, *The Art of the Question*, 9 (see chap. 2, n. 1).

3. Block, "Strategies of Consent" (see chap. 2, n. 3).

4. Bianco-Mathis, V., Nabors, L., & Roman, C. (2002). *Leading from the Inside Out*. Thousand Oaks, CA: Sage.

5. Revans, R. (1982). *The Origins and Growth of Action Learning*. Bromley, England: Chartwell Brat.

6. Heifetz, R., & Linsky, M. (2002). *Leadership on the Line*. Boston: Harvard Business School Press.

7. Goldberg, *The Art of the Question* (see chap. 2, n. 1).
8. Nadler,G., & Chandon,W.(2004).*Smart Questions:Learn to Ask the Right Questions for Powerful Results*. San Francisco: Jossey-Bass.
9. Yankelovich, D. (1999). *The Magic of Dialogue: Transforming Conflict into Cooperation*. New York: Simon & Schuster.
10. Finkelstein, *Why Smart Executives Fail* (see chap. 1, n. 6).
11. Heifetz & Linsky, *Leadership on the Line*.
12. Morris, "Minding our Ps and Qs" (see chap. 2, n. 23).

第四章

1. Kouzes & Posner, *The Leadership Challenge* (see chap. 2, n. 5).
2. Goldberg, *The Art of the Question*, 9 (see chap. 2, n. 1).
3. Revans, *The Origins and Growth of Action Learning* (see chap. 3, n. 5).
4. All Einstein quotes are from www.alberteinsteinsite/com/quotes
5. Senge,P.,Roberts,C.,Roth,G.,Ross,R.,&Smith,B.(1999).*The Dance of Change: The Challenges to Sustaining Momentum in Learning Organizations*. New York: Doubleday/Currency.

第五章

1. Adams, *Change Your Questions* (see chap. 2, n. 6). *All subsequent chapter references to Adams refer to this book*.
2. Cooperrider, D., & Whitney, D. (2012). *Appreciative Inquiry*. Champaign, IL: Stipes Press.
3. Whitney, D., Cooperrider, D., Trosten-Bloom, A., & Kaplin, B. (2002). *Encyclopedia of Positive Questions*. Euclid, OH: Lakeshore Communications.
4. Kouzes & Posner, *The Leadership Challenge* (see chap. 2, n. 5).
5. Dillon, J. (1988). *Questioning and Teaching*. New York: Teachers College Press.
6. Leeds, D. (2000). *The Seven Powers of Questions*. New York: Perigee Books.
7. Hesselbein,F.(2005,Winter)."The Leaders We Need." *Leader to Leader* (35),4–5.
8. Goldsmith, M. (1996). "Ask, Learn, Follow Up, and Grow." In F. Hesselbein, M. Goldsmith, & R. Beckhard (Eds.), *The Leader of the Future: New Visions, Strategies, and Practices for the Next Era* (pp. 227–237). San Francisco:

Jossey-Bass.

第六章

1. Clemens,J.,& Mayer,D.(1987).*The Classic Touch:Lessons in Leadership from Homer to Hemingway*. Homewood, IL: Irwin.
2. Heimbold, C. (1999). "Attributes and Formation of Good Leaders." *Vital Speeches of the Day, 65*(6), 179–181.
3. Daudelin, "Learning from Experience" (see intro., n. 1).
4. Schein, E. (2004). *Organizational Culture and Leadership* (3rd ed.). San Francisco: Jossey-Bass.
5. Wheatley, *Turning to One Another* (see chap. 2, n. 13).
6. Isaacs, W. (1993, August). "Taking Flight: Dialogue, Collective Thinking and Organizational Learning." *Organizational Dynamics*, 24–39.
7. Wheatley, *Turning to One Another*.
8. Kouzes & Posner, *The Leadership Challenge* (see chap. 2, n. 5).
9. Collins, *Good to Great* (see chap. 1, n. 5).
10. Wheatley, *Turning to One Another*.
11. Clarke-Epstein, C. (2006). *78 Important Questions Every Leader Should Ask and Answer*. New York: AMACOM.
12. Cohen, *Just Ask Leadership* (see chap. 1, n. 1).
13. Schein, *Organizational Culture and Leadership*.

第七章

1. Sobel, A., & Panas, J. (2012). *Power Questions*. San Francisco: Wiley.
2. Block, "Strategies of Consent" (see chap. 2, n. 3).
3. Whitney, Cooperrider, Trosten-Bloom, & Kaplin, *Encyclopedia of Positive Questions* (see chap. 5, n. 3).
4. Rogers, C. (1961). *On Becoming a Person*. Boston: Houghton Mifflin.
5. Carkhuff, R. (1969). *Helping and Human Relations*. Amherst, MA: HRD Press.
6. Bianco-Mathis, Nabors, & Roman, *Leading from the Inside Out* (see chap. 3, n. 4).
7. Mezirow, J. (1991). *Transformative Dimensions of Adult Learning*. San Francisco: Jossey-Bass.

8. Whitney et al., *Encyclopedia of Positive Questions*.

9. Champy, J. (2000, Summer). "The Residue of Leadership: Why Ambition Matters." *Leader to Leader* (17), 14–19.

10. Schein, *Organizational Culture and Leadership*.

11. Bass, B. (1985). *Leadership and Performance Beyond Expectations*. New York: Free Press.

12. Goldberg, *The Art of the Question* (see chap. 2, n. 1).

13. Vaill, *Learning as a Way of Being* (see chap. 2, n. 12).

14. Hamel, G. (2003). "A New Way of Seeing the World." *Executive Excellence, 20*(2), 16–17.

15. Bossidy, L., & Charan, R. (2002). *Execution: The Discipline of Getting Things Done*. New York: Crown.

16. Hesselbein, F. (2005, Winter). "The Leaders We Need," 5 (see chap. 5, n. 7).

17. Clarke-Epstein, *78 Important Questions Every Leader Should Ask and Answer*, 211 (see chap. 6, n. 11).

18. Goldberg, M. (1998). "The Spirit and Discipline of Organizational Inquiry." *Manchester Review* (3), 1–7.

19. Leeds, *The Seven Powers of Questions* (see chap. 5, n. 6).

20. Clarke-Epstein, *78 Important Questions Every Leader Should Ask and Answer*.

21. Goldsmith, M. (2012). *Coaching for Leadership*. New York: Pfeiffer.

22. Clarke-Epstein, *78 Important Questions*.

23. Vaill, *Learning as a Way of Being* (see chap. 2, n. 12).

第八章

1. Senge, P. (2006). *The Fifth Discipline*. New York: Doubleday.

2. Peters, T. (1996). *Liberation Management*. New York: Knopf.

3. Wheatley, *Turning to One Another* (see chap. 2, n. 13).

4. Bianco-Mathis et al., *Leading from the Inside Out* (see chap. 3, n. 4).

5. Whitmore,J.(2002).*Coaching for Performance:Growing People, Performance and Purpose*. Yarmouth, ME: Brealey.

6. Lencioni, P. M. (2003, Summer). "The Trouble with Teamwork." *Leader to Leader* (29), 35–40.

7. Mill, J. S. (1998). *On Liberty and Other Essays*. Oxford: Oxford University

Press. (Original work published 1859.)

8. Axelrod, R. H., Axelrod, E. M., Beedon, J., & Jacobs, R. W. (2005, Spring). "Creating Dynamic, Energy-Producing Meetings." *Leader to Leader* (36), 53–58.

9. Wheatley, *Turning to One Another*.

10. Axelrod et al., "Creating Dynamic, Energy-Producing Meetings."

11. Levi, D. (2010). *Group Dynamics for Teams*. Thousand Oaks, CA: Sage.

12. Ury, W. (1993). *Getting Past No: Negotiating Your Way from Confrontation to Cooperation*. New York: Bantam Books.

第九章

1. Merchant, N. (2010). *The New How*. Sebastopol, CA: O'Reilly.

2. Heifetz, R., & Laurie, D. (1997). "The Work of Leadership." *Harvard Business Review, 75*(1), 124–134.

3. Merchant, *The New How*.

4. Cooperrider & Whitney, *Appreciative Inquiry* (see chap. 5, n. 2).

5. Burger, E. B., & Starbird, M. (2012). *The 5 Elements of Effective Thinking*. Princeton, NJ: Princeton University Press.

6. Daudelin, "Learning from Experience" (see intro., n. 1).

7. Bianco-Mathis et al., *Leading from the Inside Out* (see chap. 3, n. 4).

8. Marquardt, M., & Yeo, R. (2012). *Breakthrough Problem Solving with Action Learning*. Palo Alto, CA: Stanford University Press.

第十章

1. Adams, *Change Your Questions* (see chap. 2, n. 6).

2. Hymowitz, C. (2004, December 28). "Some Tips from CEOs." *Wall Street Journal*, B1.

3. Tiede, B. (2013). Retrieved from http://leadingwithquestions.com

4. Hammer, M. (2001). *What Every Business Must Do to Dominate the Decade*. New York: Crown Business.

5. Drucker, P. F., & Maciariello, J. A. (2004). *The Daily Drucker*. New York: Harper Business, 367.

6. Clarke-Epstein, *78 Important Questions Every Leader Should Ask and Answer* (see chap. 6, n. 11).

7. Leeds, D. (1987). *Smart Questions: The Essential Strategy for Successful Managers*. New York: McGraw-Hill.

8. Bell, C., & Bell, B. (2003). *Magnetic Service: Secrets of Creating Passionately Devoted Customers*. San Francisco: Berrett-Koehler.

9. Manville, B. (2001, Spring). "Learning in the New Economy." *Leader to Leader* (20), 36–45.

10. Harbison,J.R.,&Pekar,P.,Jr.(1998,second quarter)."Institutionalizing Alliance Skills: Secrets of Repeatable Success." *strategy+business*. Available online with registration: http://www.strategy-business.com/press/article/15893?pg=0

11. Tischler, L. (2001, December). "Seven Strategies for Successful Alliances." *Fast Company*. Retrieved from http://www.fastcompany.com/64778/seven-strategiessuccessful-alliances

12. Austin, J. E. (1998, Spring). "The Invisible Side of Leadership." *Leader to Leader* (8), 38–46.

13. Blanchard, K., & Stoner, J. (2011). *Full Steam Ahead*. San Francisco: Berrett-Koehler.

14. Hesselbein, F., Goldsmith, M., & Beckhard, R. (1996). *The Leader of the Future: New Visions, Strategies, and Practices for the Next Era*. San Francisco: Jossey-Bass.

15. Goldberg, *The Art of the Question* (see chap. 2, n. 1).

16. Knowling,R.,Jr.(2002)."Leading with Vision,Strategy, and Values."In F.Hesselbein, M. Goldsmith, & I. Somerville (Eds.), *Leading for Innovation*. San Francisco: Jossey-Bass.

17. Kotter, "Winning at Change," 27 (see chap. 1, n. 13).

18. Blohowiak, D. (2000). "Question Your Way to the Top!" *Productive Leader, 121*, 1–3.

19. Goldberg, *The Art of the Question* (see chap. 2, n. 1).

20. Kanter, R. M. (1999, Summer). "The Enduring Skills of Change Leaders." *Leader to Leader* (13), 15–22.

21. Hesselbein, F. (2003, Winter). "Finding the Right Questions." *Leader to Leader* (27), 4–6.

結語

1. Kotter, J. (2002). *The Heart of Change*. Cambridge, MA: Harvard Business

School Press.
2. Adams, *Change Your Questions* (see chap. 2, n. 6).
3. Kouzes & Posner, *The Leadership Challenge* (see chap. 2, n. 5).
4. Zuboff, S. (1989). *In the Age of the Smart Machine: The Future of Work and Power*. New York: Basic Books.
5. Schein, E. (2011). *Helping: How to Offer, Give, and Receive Help*. San Francisco: Berrett-Koehler.
6. Sloane, P. (2007). *The Innovative Leader*. London: Kogan Page.

附錄二：行動學習

1. Marquardt, M. (2004). *Optimizing the Power of Action Learning*. Palo Alto, CA: Davies-Black Publishing.
2. Dilworth, L. (1996). "Action Learning: Bridging Academic and Workplace Domains." *Employee Counseling Today* (6), 48–56.
3. Revans, *The Origins and Growth of Action Learning* (see chap. 3, n. 5).
4. Dilworth, "Action Learning in a Nutshell" (see chap. 2, n. 22).
5. Mumford, A. (1995). "Developing Others Through Action Learning." *Industrial and Commercial Training, 27*(2), 19–27.
6. McNulty, N., & Canty, G. (1995). "Proof of the Pudding." *Journal of Management Education, 14*(1), 53–66.
7. Boud,D.,Keogh,R.,& Walker, D.(1985).*Reflection:Turning Experience into Learning*. London: Kogan Page.

致謝

　　我想感謝許多人協助我提出更好的問題，讓我的人生如此豐盛美好。我第一個想感謝的人是我的母親伊蓮娜，她鼓勵我提問，要我努力從那些提問中學習。我想感謝我的太太伊芙琳，她總是問我「為什麼」；我要感謝我的孩子克里斯、史蒂芬妮、凱瑟琳和艾蜜莉，他們總是質疑老爸我的智慧，尤其是在他們的青少年時期。最後，我要感謝我的九個孫子女：甘迺迪、伊安、派翠西亞、漢娜、米莉、麥雅、芬恩、麥羅和維斯帕，他們問了我好多好多充滿喜悅與愛的美妙問題。

　　這麼多年以來，我一直很幸運，能和一些偉大的領導者共事，從他們身上受益良多。諸如貝瑞・奧斯托比（Barrie Oxtoby）、凱文・惠勒（Kevin Wheeler）、韋恩・佩斯（Wayne Pace）、查爾斯・馬格利森（Charles Margerison）、連恩・那得爾（Len Nadler）、凱西・查莫斯、馬爾康・諾斯（Malcolm Knowles）、瑞格・瑞溫斯、瑪瑞麗・亞當斯、尼森・塔耳（Nissim Tal）、法蘭克・安卓契、皮耶・蓋森（Pierre Gheysons）、亞瑟・拜恩斯（Arthur Byrnes）、哈利・藍得曼（Harry Lenderman）、史蒂夫・金（Steve King）、宋蒂娜（Tina Sung）、南西・史提賓（Nancy Stebbins）、法蘭克・索佛（Frank Sofo）、列斯・狄沃施（Lex Dilworth）以及愛拉・楊（Ila Young）。我從喬治華盛頓大學的博

士畢業生的提問中學到許多關於領導的知識，他們許多人都是成功的全球領導者 —— 王錢水（Wong Wee Chwee）、安東尼・許（Antony Hii）、李太白（Taebok Lee）、崔名（Myoung Choi）、瑪麗・托馬塞洛（Mary Tomasello）、威廉・維奇（William Weech）、佛羅倫斯・何（Florence Ho）、伊凡第・若賈布、巴努・戈爾索基、阿加塔・杜尼克（Agata Dulnik）、丹・納瓦羅、道格・布萊特（Doug Bryant）、提歐・坎布斯（Teo Campos）、史丹・蘇雷特（Stan Surrette）、成海金（Sung Hae Kim）、梅麗莎・葳塔辛（Marissa Wettasinghe）、羅賓・赫斯特（Robin Hurst）、洛林・華納（Lorraine Warner）、薩姆斯利（Somsri Siriwaiprapan）、羅伯・理查（Robert Richer）、卡菈・波溫斯（Carla Bowens）、戴比・沃迪爾（Deb Waddill）、伯納黛特・卡森（Bernadette Carson）、米莉・馬特（Millie Mateu）、科林・里奇蒙（Colleen Richmond）阿爾・麥考迪、德布・洛梅林（Deb Gmelin）、蓋姬特・霍普、崔秀妍（Sooyeon Choi）、穆罕默德・阿爾－伊瑪迪（Mohammed Al-Emadi）、布萊恩・威廉斯（Brian Williams）、麗莎・湯平、瑪莉・沃爾茲－皮考克（Mary Voltz-Peacock）、胡達・阿雅思（Huda Ayas）、琳達・方（Linda Fang）、林彭孫、查爾斯・托德利（Charles Tweedly）、瑪莉・安・旺格曼（Mary Ann Wangeman）、厄尼・史密斯（Ernie Smith）、威廉・湯姆斯（William Toms）馬克・斯塔維許（Mark Stavish）、帕斯卡爾・伊佐（Pascal Etzol）、凱西・羅（Casey Lowe）、詹姆斯・林（James Lim）、希德尼・薩維恩（Sydney Savion）、米琳・斯沃福

德（Milynn Swofford）、凱薩琳・庫特（Kathleen Kueht）、格蘭・吉爾霍德（Glenn Geelhoed）、威廉・葉慈（William Yates）、珍妮・蓮（Jeanne Lian）、米契・瓦斯丹（Mitch Wasden）、瓦琳・奧基夫（Vareen O'Keefe）、羅伯・漢米爾頓（Robert Hamilton）、哈爾・麥特卡夫（Hal Metcalfe）、史蒂夫・泰瑞爾（Steve Terrell）、夏洛特・伯納（Charlotte Barner）、麥克・史戴斯、大衛・伊斯沃斯（David Estworthy）、羅伯・貝卓先（Rob Bedrosian）、黛比・希爾瓦（Deb Silva）、巴比・迪萊恩（Bobbie Deleon）、西蒙・里斯（Simon Reese）、凱倫・德威勒（Karen Detweiler）、藍迪・道布森（Randy Dobson）、提姆・霍普（Tim Hope）、妮可・哈里斯（Nicole Harris）、戴夫・盧德（Dave Rude）、羅恩・雪菲德（Ron Sheffeld）、安德魯・拉哈曼（Andrew Rahaman）以及湯姆・登貝克（Tom Dembeck）。

我特別要感謝所有喬西－貝斯／威利（Jossey-Bass/Wiley）的各位，尤其是羅布・布蘭特（Rob Brandt）、約翰・麥斯（John Maas）、馬克・卡曼地（Mark Karmendy）和潔諾薇瓦・羅莎（Genoveva Llosa），他們從旁指導這個增訂版本的寫作過程，也協助修潤我的寫作。

最後，本書中出現的三十位領導者實在讓我獲益無窮，虧欠甚多。你可以從本書中看到他們的提問和智慧──這些好人耐心十足地回答我的問題，與我分享他們的提問式領導風格。這些領導者（詳細名單請見附錄一）提供了大量絕佳的問題和點子，我深受啟發，相信讀者也會有同感。